日本人氣訓狗師
藤井聰◎著 黃薇嬪◎譯

前言

「哇！我家狗狗變聰明了！」好神奇！這樣教，狗狗5分鐘就聽話！

不是你家狗狗笨，是你不懂牠的心！

「一準備幫牠戴項圈，牠就開始生氣，皺起鼻子、露出牙齒低吼！」

「我家的狗狗很愛亂咬人，常把我們的手腳弄得傷痕累累。」

「只要門鈴一響或是有人經過，牠就叫個不停！」

「菸蒂、便便、垃圾……只要是掉在馬路的東西，牠都會撿來吃，真頭痛啊！」

來自全國各地的飼主們紛紛向我求助，他們不是把狗狗送到訓練學校，情況不見改善，就是交給訓練中心後，一回家又故態復萌，只好找上最後的救星，也就是我了。

面對亂吠、亂咬人、無故低吼、拉扯牽繩、標示地盤、惡作劇、隨意大小便……等讓飼主忍無可忍，覺得：「真的已經無法忍受了！請您幫幫忙！」的各種諮詢，我都這

麼回答：「沒關係！只要5分鐘，你家的狗狗馬上變聰明！」

聽我這麼說，各位也許難以置信，但我認為狗狗擁有不同於人類優異的學習能力，自然能夠辦到。前面列舉的例子，解決方法如下：

■ **門鈴一響就亂吠時▼**故意佯裝不知情，將裝有少量水的寶特瓶扔到地上。反覆進行5分鐘後，狗狗以為一叫就會「遭天譴」，就不再亂叫了。→16

■ **亂咬人▼**一口一口地餵狗狗飼料，實行5分鐘，讓狗狗知道飼料是來自「首領」（也就是飼主），從而建立主從關係，不再亂咬人。→46

■ **討厭戴項圈而抵抗時▼**先將雙手兜成一個圈，接著從正面穿過圈圈的中央餵飼料，一面把圈圈穿過狗狗的脖子，和牠玩耍。反覆進行5分鐘，狗狗就不再排斥項圈，還會主動把頭穿過項圈喔！→82

■ **亂撿路上的東西吃▼**事先在路上撒點心，愛犬一靠過去就拉住繩子阻止，再親手把點心交給牠。反覆進行5分鐘，狗狗就知道不可以撿東西吃了。→96

停止「打罵式教育」，才能讓愛犬變乖巧

經過簡單的訓練後，原本調皮的狗兒們不到5分鐘就變得老實安靜，飼主們看到牠們的模樣，都驚訝地表示：「這不是我家狗狗！」

對於這套訓練方式，希望各位不要有所誤會。我採用的每個方法都不會嚴厲斥責或強力制止狗狗們，也不會強迫愛犬改正壞習慣，我只是利用狗狗們與生俱來的習性與學習能力，引導牠們自動自發地做出「正確的行為」。

主人常因為狗狗不聽話而罵牠們「笨」或「沒用」，但根據我與狗狗相處超過50年的經驗，目前為止訓練過數千隻各式品種的狗當中，沒有遇過「天生笨」或「沒用」的狗。因此，**無論有什麼教養問題，都不用擔心，只要停止打罵的教育方式，誠實地對待狗狗們，相信牠們一定會逐漸改變。**

本書特別選出70個短時間就能看到效果的訓練技巧，送給剛開始養狗就碰到困難的飼主、照著過去的方法仍不見改善的飼主，以及不願意從頭開始教的飼主們。如果本書能讓各位與你重要的愛犬生活得更幸福，這將是本人莫大的榮幸。

藤井聰

目錄 • CONTENTS

前言 「哇！我家狗狗變聰明了！」好神奇！這樣教，狗狗5分鐘就聽話！

Part 1 這樣教狗兒，只要5分鐘，改掉「亂吠」壞習慣！

1 風吹草動就狂吠不停，罵牠只會叫更大聲？
不如「製造意外」，讓狗兒自行思考……14

2 門鈴一響，狗狗就失控亂叫，怎麼辦？
給狗狗「安全感」，牠就不亂叫！……16

3 我家狗兒膽小又敏感，該怎麼教？
神經質狗狗，「拉高牽繩法」很有效……18

4 狗狗很容易暴衝，該怎麼教？
縮小活動範圍，訓練「服從」很簡單……20

5 狗狗兇猛叫不停，如何讓牠徹底聽話？
利用「稀釋醋液」，狗兒瞬間變安靜……22

6 狗狗發現「人工天譴」是假的，怎麼辦？
通力合作，製造「不在場證明」……24

7 我家狗兒很貪吃，不聽懂「等一下」，該怎麼教？
拉動牽繩，讓狗兒學會「慢下來」……26

8 一到吃飯時間，狗狗就開始焦慮、吠叫討食？
放飯時間不固定，反而對狗狗更好……28

9 改變散步時間，狗狗不再吵著出門……30
時間一到，狗兒就狂吠不停，雨天也得外出？

10 該關狗屋嗎？小空間其實更有安全感……32
討厭住狗屋，在家裡又會隨地大小便，怎麼辦？

11 金窩、銀窩，不如自己的「好狗窩」……34
睡狗屋不可憐！空間越窄越安穩？

12 善用飼料，狗狗馬上適應新環境！……36
「搬家」是改掉愛犬壞習慣的大好機會！

13 狗屋裝上「門」，減少狗狗居住壓力……38
養在院子很自由，狗兒卻渾身緊繃？

14 別急著發動引擎，先讓狗兒熟悉環境……40
想帶狗狗開車兜風，一關車門就發抖狂吠，怎麼辦？

15 主人心情放鬆，狗狗會「聞」得出來……42
好神奇！我家狗狗聽得懂韋瓦第的《四季》？

Part 2 5分鐘馬上學乖！改掉狗狗「咬人、飛撲、低吼」3大惡習

16 一口一口餵食，讓狗兒明白「誰是老大」……46
咬人惡犬，也可以訓得服服貼貼？

17 利用狗社會潛則，改掉咬人壞習慣……48
先吃的才是老大？該讓愛犬先開動嗎？

18 「狗背」與「胸口」緊貼，提高服從心……50
如何讓狗狗永遠忠心？一天5分鐘就能完成訓練

目錄 • CONTENTS

19 狗狗好難懂，一碰牠就被咬，怎麼辦？
對付「勢力狗」，先摸遍全身再說！……52

20 狗兒力氣太大，招架不住怎麼辦？
兩人一組，用「獎賞」制伏好動大狗……54

21 嬉戲時，狗狗總會不停啃咬我的手，這樣好嗎？
對狗兒的挑釁，「無視」是最好懲罰……56

22 各種方法都試了，狗狗還是教不來！真傷腦筋？
越陌生的地方，狗狗越好教！……58

23 該縱容狗兒玩笑式的「輕咬」嗎？
「耳邊吹氣」，狗兒也會招架不住……60

24 狗狗調皮輕咬，其實是在「確認自己的地位」？
從幼犬就「嬰兒抱」，關係好親密！……62

25 「吼！別碰！」一靠近狗狗吃飯，牠就警戒低吼？
吃飯皇帝大，「老大用餐，小的滾邊！」……64

26 我家狗狗一咬玩具就不放，還會對著我吠？
飼料換球，養成「放開玩具」好習慣……66

27 我家寶貝討厭刷毛，該怎麼改善？
「背線按摩」，讓狗狗陶醉刷毛時刻……68

28 狗兒跳沙發，會越來越沒大沒小？
製造「假意外」，狗兒再也不作怪……70

29 和愛犬「共枕眠」，早晚出問題！
不讓狗兒上床睡，建立正確主從關係……72

再愛，也不能和牠同桌吃飯！

30 在「桌下吃飯」很正常，不要心軟！……74

「搖尾飛撲」不是歡迎？是示威！

31 使出「黃金左腳」，改掉狗狗飛撲惡習……76

狗狗飛撲是惡習，要儘早導正！

32 巧妙利用「轉身法」，狗狗變穩重……78

Part 3 散步我作主，5分鐘搞定！你是遛狗，還是「被狗遛」？

散步真辛苦！狗兒一戴上項圈就不會動？

33 討厭束縛的狗兒，也能愛上戴項圈……82

到底是散步遛狗，還是被狗遛？

34 運用「首領出巡」，讓牠知道誰是老大……84

怕狗狗迷路？這樣做，讓牠乖乖陪你散步

35 「走走停停散步法」，狗狗從此跟定你……86

不再和狗狗玩「拉扯牽繩遊戲」！

36 找回親密關係，「牽繩」很重要！……88

狗狗一出門，就到處亂撒尿，怎麼辦？

37 禁止亂撒尿，終結愛犬「地盤意識」……90

散步撒泡尿，不是理所當然？！

38 純散步！養成「定點排泄」的好習慣……92

狗兒一出門就在地上嗅來嗅去，不想乖乖散步？

39 繞道而行，狗兒散步不再亂聞、亂尿……94

目錄 • CONTENTS

40 地上零食、菸蒂，寶貝都愛撿來吃，真擔心！
3步驟，改掉狗兒「亂吃」的習慣！ …… 96

41 死命抵抗不出門？我家狗兒變「宅宅犬」？
飼料分兩半，出門、回家各餵一次！ …… 98

42 狗狗不敢出門散步，該如何突破牠的心防？
小狗多帶出門練膽量，不用怕生病！ …… 100

43 怎麼讓亢奮狗學會「淡定」下來？
無視狗狗，直到「安靜下來」才出門 …… 102

44 咬繩、甩頭不是在玩，是「優越感」作祟！
「一鼓作氣」拉高繩子，矯正自大狗 …… 104

45 用「胸背帶」會養出霸道犬？
使用「項圈」，管教狗兒更輕鬆！ …… 106

46 皮繩和鎖鏈，哪種牽繩最好？
項圈鬆緊度適中，才能確實感受指令 …… 108

47 狗兒愛追逐，是本能驅使？
前3個月是教養黃金期，請多帶出門 …… 110

48 為什麼越叫跑越遠？主人要立刻進行「3大管教法」
狗狗「叫不來」，是主從關係逆轉警訊 …… 112

49 狗仗人勢？我家狗狗一吠就停不下來！
狗兒不亂吠，飼主必須「先保持沉默」 …… 114

50 我家狗兒愛跟孩子爭寵，怎麼辦？
「誰地位最低？」狗狗的答案往往是小孩 …… 116

51 向左？向右？主人夾在中間左右為難！
一次帶一隻出門，分別重建主從關係……118

52 狗狗個性大不同，怎麼一起散步？
「前輩犬」優先，狗兒才能和平共處……120

Part 4 我家狗兒真聰明！5分鐘學會上廁所，乖巧看家，不再惡作劇！

53 就是教不會？我家有隻愛隨地大小便的壞狗兒！
訂出「起居空間」，馬上學會定點尿尿……124

54 又兇又罵，狗兒還是亂尿尿，難道只能默默收拾？
掌握「3大時機」狗狗聰明學會上廁所……126

55 習慣隨地大小便的狗，要怎麼改？
尿布墊越髒越臭，狗狗越快學乖！……128

56 睡覺、吃飯、大小便，這3件事一定要分開來！
餐具和睡床「不能放在一起」！……130

57 狗狗獨自在家時，把家裡踩得到處都是大便？
對角線法則，廁所離狗屋越遠越好……132

58 出門散步，順便排泄，只會養出「憋尿狗」？
「定點散步法」，戒除散步撒尿惡習……134

59 見到客人一興奮就噴尿，主人好尷尬，怎麼改善？
狗狗噴尿不要罵，花5分鐘讓牠冷靜……136

60 「天啊！你怎麼在吃大便！」為什麼狗改不了吃屎？
立刻清理，就能改掉「吃糞」惡習……138

目錄 • CONTENTS

61 出門前別和牠說話，分離焦慮症拜拜……140
怎麼訓練「愛哭、愛跟路」的黏膩狗看家？

62 減少情緒起伏，一個人在家也不怕……142
誇張的「重逢」會增加狗狗心理壓力！

63 待在狗屋好安心！待上半天也沒問題……144
獨自看家就亂咬、亂搞怪，怎麼辦？

64 給寶貝專屬玩具，不再擔心「破壞王」……146
尿布墊分屍！我家狗兒老愛惡作劇！

65 罵得越大聲越調皮，保持沉默最好！……148
一閃神就滿地狼藉，調皮狗兒怎麼治？

66 「轉動口鼻」，快速改善主從關係！……150
「咬褲管」不能放任，要徹底制止！

67 阻止狗狗翻垃圾，給牠「大量的玩具」……152
「到底有什麼好吃？」我家狗兒超愛翻垃圾桶！

68 吃不完倒掉，「下一餐」就會大吃特吃……154
「挑嘴狗」飼料剩一堆，好難伺候！

69 凡事「先來後到」，兩隻狗兒相安無事……156
同時養兩隻狗，怎麼讓牠們和平共處？

70 區隔「放飯時間」，狗兒乖乖不搶食……158
「別搶我的食物！」兩隻狗兒老愛搶奪飼料？

特別收錄 萌犬出沒注意！愛犬達人與人氣狗明星的真情告白

這樣教狗兒，只要5分鐘，改掉「亂吠」壞習慣！

woof
Part 1

1 不如「製造意外」，讓狗兒自行思考

風吹草動就狂吠不停，罵牠只會叫更大聲？

「叮咚～」、「汪！汪！汪！」只要門鈴一響，狗兒就跑向門口瘋狂吠叫。你家的愛犬是不是也有這個令人頭痛的習慣呢？

「喂！給我安靜點！」其實大聲斥責，反而會帶來反效果，讓狗兒更興奮，叫聲更宏亮、高亢。因為狗兒會誤把飼主的斥責聲當作是「很好！繼續叫！」的鼓勵。

這個時候，**有個東西能夠讓狗兒停止吠叫，那就是「地墊」**。每戶人家門口，應該都有地墊吧！請在地墊的一端綁上繩子，接著鋪在進門處。

當狗兒聽到門鈴聲，跑向玄關時，會遭遇什麼狀況呢？這時飼主只要一扯綁在地墊一端的繩子，讓狗兒腳下一滑，牠就會跌跤了。狗兒因為只顧著注意門外的動靜，所以對這招完全不設防。牠會心想：「只要汪汪叫地跑向玄關，好像就會發生不好的事耶！既然這樣，我還是別過去比較好吧？那就別過去了。」

不看牠、不罵牠，製造「天譴」，狗狗會記取教訓

這個方法有兩個重點必須注意：

❶別對吠叫中的狗兒「大罵」

❷避免和狗兒「視線交會」

只要飼主一出聲，狗兒就會興奮得停止思考；只要視線一交會，狗兒就會把這樣的情況當成「宣戰」，對飼主產生不信任感。唯有讓狗兒以為滑倒是「遭天譴」，牠的想法才會自動轉向「我要避免遇上討厭的事情」，而不再吠叫。

2 門鈴一響，狗狗就失控亂叫，怎麼辦？給狗狗「安全感」，牠就不亂叫！

狗兒原是群體行動的動物，地盤觀念強烈，因此，牠們對於外敵入侵特別敏感。玄關的腳步聲或門鈴響聲對狗兒來說，都是「有外敵入侵！」的警告。

一聽到警告，狗兒DNA中天生的「吠叫警戒本能」就會自然啟動。**若狗兒吠叫時仍會聽從飼主口令而停止，就表示沒有問題，因為狗兒已經盡了自己的義務通知首領（也就是飼主）：「有人來了！」**其餘的事，就交給首領（飼主）處理了！

「首領」這個角色能讓狗兒感到安心，因為對牠們來說「飼主能夠保護我」，比通知首領有人來訪更加幸福。然而，現實狀況卻是狗兒失控地胡亂吠叫，為什麼呢？因為在牠的腦海中，已經認定自己是首領，而飼主只是隨從。這時，狗兒會因為急著想保護團體、抵禦外敵而累癱；飼主則會因為應付周遭鄰居而感到疲憊。如果住的是公寓大廈，情況就更是如此了。

「寶特瓶」裝點水，制止叫鬥狗狗最有效

面對這種狀況，只要利用「天譴法」讓狗兒自行思考，就能扭轉局面。在寶特瓶中裝一點水，狗兒一吠叫，就若無其事地丟到牠的腳邊，並盡量不與狗兒四目相接。

這時，愛犬應該會受到驚嚇而安靜下來，反覆幾次後，就不再亂吠了。因為狗兒會發現：「為什麼一叫就有事發生？」、「原來不用吠叫，飼主也會保護我啊！」

為了避免因為找寶特瓶而錯過丟出去的最佳時機，最好在家中各個角落都放置。千萬別放在狗狗吠叫時奔跑的動線上，最好選在飼主的所在位置，如：客廳、飯廳。

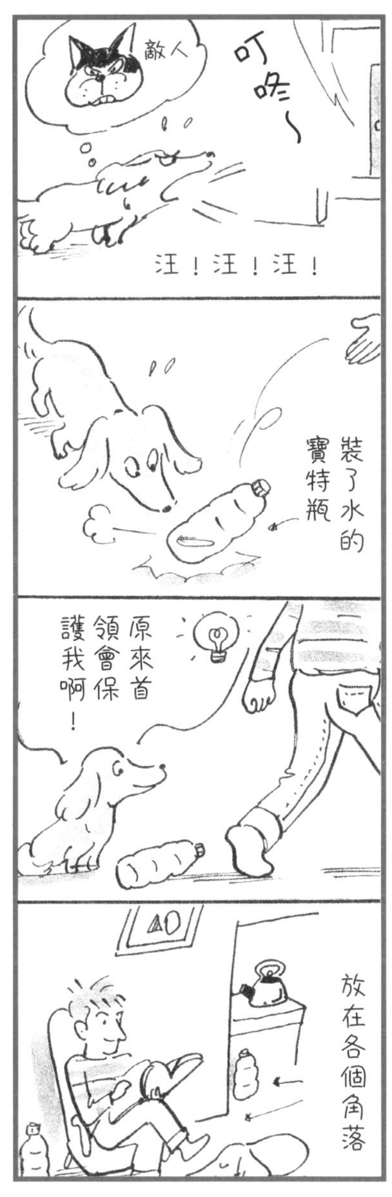

3 我家狗兒膽小又敏感，該怎麼教？

神經質狗狗，「拉高牽繩法」很有效

有些狗兒除了門鈴聲外，對四周的「環境噪音」也很敏感。快遞、摩托車聲、腳步聲、報紙或郵件投入信箱的聲音等，牠們都能馬上聽見，對各種聲音在意得不得了。

狗兒的聽力敏銳，往往能在人類聽出聲音之前放聲吠叫，特別是神經質又有點膽小的狗兒，這種傾向越是強烈。這時候，最合理的推斷就是：狗兒又自以為是首領了。因為飼主沒有滿足牠「渴望受保護」的慾望，想盡快做點什麼的狗兒就開始汪汪大叫，以這種威嚇的方式保護自己的地盤。

母犬叼幼犬是獸類本能，拉扯牽繩不要心疼！

面對不曉得什麼時候該叫的狗兒，飼主可以嘗試「整天綁著牽繩」這招。**在家裡也綁著牽繩，當牠一叫就立刻拉高牽繩，並裝作若無其事，就能達到制止吠叫的目的。**

這個方法不僅要避免與愛犬四目相接，也要留意拉扯牽繩的方式。**當愛犬一發出叫**

聲，就立刻往「正上方」拉，盡量高到狗兒的前腳稍微離地，但不能持續拉高。這個動作的目的是為了讓狗兒記住不舒服的感覺，持續拉高會影響效果。另外，在還沒停止吠叫之前，不要鬆手。因為光是脖子不舒服，狗兒還不會明白自己做錯了什麼。

你或許會心疼愛犬，覺得這麼做會讓愛犬感到不適，但其實這個做法，與母犬管教幼犬如出一轍。母犬會咬住幼犬的脖子，藉此告訴孩子什麼事不能做，訓練幼犬服從。

如果怕狗兒在家裡拖著牽繩走路太吵，可以改用與散步時不同款式的輕質繩子代替，如此一來也就不會妨礙愛犬走路了。

4 縮小活動範圍，訓練「服從」很簡單

狗狗很容易暴衝，該怎麼教？

哪裡是讓狗兒最安心的地方呢？沒錯，就是「狗屋」。**只要待在能夠抵禦外敵的狗屋中，愛犬對門鈴聲、環境噪音的激動反應就會自然減少。**

然而，如果你家愛犬長期放養在屋內，就不適用上述建議了！狗兒的保護意識越高，防守範圍也會越廣，所以牠會忙碌地來回奔走，不斷吠叫。

「唉，早知道就讓牠從小養成住狗屋的習慣了！」多數飼主這時恐怕會感到後悔莫及吧！但別擔心，對付這種狗兒，「整天綁著牽繩」這個方法相當有效，而這也是讓狗兒學會自主思考的絕佳方式。

用「牽繩」縮小可移動範圍，兇狗狗也會乖乖聽話

「平常散步回來後，主人都會幫我把項圈和牽繩拿掉，怎麼今天又繫上另一條繩子呢？」這時不妨觀察愛犬改繫上室內牽繩後的反應，有沒有露出一副困惑不解的樣子。

「咦？家裡跑動的範圍好像變小了……」

飼主必須抓著牽繩的一端，縮小愛犬「汪」的一聲就飛奔出去的範圍。

「我平常一聽到門鈴聲就可以走到玄關，今天卻沒辦法，為什麼啊？」

當狗兒一感到不對勁，就會對飼主產生讓出「首領位子」的服從心。原本過著群居生活的狗兒，天生具有服從首領的本能，牠們認為服從首領（飼主）會過得比較幸福。

當然，飼主沒辦法成天抓著牽繩不放，這時候也可以把牽繩綁在椅子或餐桌處。

5

狗狗兇猛叫不停，如何讓牠徹底聽話？

利用「稀釋醋液」，狗兒瞬間變安靜

警犬、救災犬利用的是狗兒靈巧且與生俱來的卓越技能——嗅覺。狗兒的嗅覺靈敏，換句話說對臭味也十分敏感，因此，我們可以反過來利用這一點對付亂吠的狗兒。

首先，準備一個噴霧瓶，**清水與白醋以2：1的比例稀釋**，「醋水噴霧」就完成了！接著，將噴霧擺在隨手可得的地方，當愛犬一吠叫，就擺出毫不知情的表情，**對著頭的正上方噴兩下（請注意不要直接噴向眼睛）**。下一秒，狗兒就會因為受不了醋的刺鼻味道而不斷地打噴嚏。

「怎、怎、怎麼搞的？怎麼那麼臭！」

狗兒對臭味很敏感，所以不一會兒工夫就會停止吠叫了。

這個方法雖然能快速奏效，但也有一個問題，那就是每次一噴，房間裡就充滿醋味，久而久之這一招的效果就會漸漸減弱。

以口令動作輔助，狗兒馬上變老實

這是稀釋醋噴霧和上述幾種方法的不同之處，**因此我們可以試著把噴霧和「口令」當作一組動作，當狗兒覺得有討厭的臭味的瞬間，馬上發出「噓！（安靜）」的口令。**

如此一來，狗兒就會想：「只要聽見『噓』的口令，就會聞到那股討厭的味道，我看以後還是別亂叫好了！」雖然進行「天譴法」的祕訣是不和愛犬視線交會或說話，但這種時候「噓」是重要的口令，各位不妨試試看！

6 狗狗發現「人工天譴」是假的，怎麼辦？

通力合作，製造「不在場證明」

門鈴聲和環境噪音都是突然發生的，因此以「天譴法」對付亂叫的狗兒時，飼主很容易因為錯過時機而扼腕不已。

「我還在找地墊的繩子時，原本還吠的狗兒已經轉過頭來和我四目相對了。」「視線不交會」和「不出聲」是天譴法的主要原則，所以即使「整天綁著牽繩」也可能會失敗。有些飼主甚至還在找寶特瓶，狗兒就已經停止吠叫，錯過絕佳時機。

全家合力，這次狗狗一定變老實！

飼主如果匆匆忙忙，的確很難立刻使出「天譴」這一招。當狗兒開始吠叫時，主人會跟著驚慌失措：「啊！怎麼辦？」這時狗兒也會感受到主人的慌張，而容易將即將發生的「天譴」，認為是「主人打算做出令人討厭的舉動」。

這個時候，我們就需要「小幫手」的幫忙。與其被動地等待門鈴或環境噪音響起，

不如請家人或朋友協助，刻意製造這些聲音吧！

飼主可以利用電話通知小幫手：「我現在抓好繩子了，你按門鈴吧！」如果使用「地墊作戰」，可以事先將繩子藏在容易拉扯的地方；如果是「拉高牽繩法」，可以先拉著牽繩的另一端，站在方便「從上方拉扯」的地方；如果使用「寶特瓶」或「醋水噴霧」，只要若無其事地將道具擺在手邊即可。

另外，**使出「天譴」後的行動也很重要，千萬別讓狗兒察覺按門鈴的是自家人，給牠一點時間好好地「思考」。**

7 我家狗兒很貪吃，聽不懂「等一下」，該怎麼教？

拉動牽繩，讓狗兒學會「慢下來」

你家的狗兒一聽到倒飼料的聲音就開始汪汪吠叫，甚至會撲向你討飼料吃嗎？「別急別急！我會餵你，等一下喔！」聽你這麼一說，狗兒反而叫得更厲害，彷彿是在要求：「快給我吃！我會一直叫到你給我飯吃為止！」

因為狗兒以為主人的行動就是這個意思。如果這種情況不斷反覆，習慣根深蒂固的狗兒就會誤以為：「只要一吠叫、一飛撲，就可以得到飼料。」這時，我們要讓狗兒思考幾種選擇。這個方法也需要使用室內牽繩，並且兩個人一起進行會更順利。

關閉愛犬「條件反射」機制，聽到口令才能開動！

一個人負責給飼料，另一人負責拉牽繩。當準備飼料的人倒下飼料，狗兒的條件反射機制就會啟動，一面汪汪地叫著一面飛撲過去。這時負責拉牽繩的人要待在狗兒身後待命，從正上方拉住牽繩。

只要愛犬一叫，就用力扯一下，飛撲就再扯一次。狗兒感覺到脖子的不舒服，就會恢復冷靜，開始思考。**來回拉扯幾次牽繩後，如果愛犬的態度依然故我，就必須立刻停止，留下飼料後，擺出毫不知情的表情離開現場。**

這就是給予狗兒的思考選項。這時牠會心想：「原來吠叫吵鬧也得不到飼料啊！」於是聽見倒飼料的聲音，也不會啟動條件反射了。

等愛犬恢復冷靜，乖乖回到平常的位置上待著時，飼主就可以用「坐下、等等」等口令，教會牠開始吃東西。

沙沙沙
汪
對付這種狗兒
負責拉牽繩
負責倒飼料
Dog
一叫就輕拉牽繩
汪
沙沙
聽見沙沙聲就叫，會發生討厭的事…

8 放飯時間不固定，反而對狗狗更好

一到吃飯時間，狗狗就開始焦慮、吠叫討食？

看到家人們都用餐完畢，狗兒會走到平常擺放狗碗的地方坐好。「大家吃完飯後，接下來輪到我吃了。啊啊！肚子好餓喔！」

狗兒與飼主間如果有穩固的信賴關係，就不會出現吠叫討食的情況。但是家人不一定天天準時用餐，狗兒等待的時間時短時長，等孩子慢慢長大後，甚至每個人用餐的時間都不相同。

打破三餐慣性，餐餐不同人來餵！

這時，狗兒會產生混亂。「我應該配合誰的用餐時間呢……？」

到了「一如往常的時間」，飼料卻沒有出現，狗兒容易焦慮不安或吠叫催促。為了避免這種情況發生，秘訣就是「不要在同一時間，由同一個人餵食」。

狗兒認得管理自己飲食的「人」，如果平常負責餵狗的是媽媽，牠就會以媽媽的吃

飯時間為基準。首先，我們要打破這種「慣性」。

有時等晚到家的爸爸吃完飯後再餵；有時讓去補習的孩子提早餵，每個人給飼料的時間不同，餵食的人也不同。媽媽吃完飯後，也可以晚1～2個小時再餵，刻意錯開餵食時間。**只要打破這個慣性，無論什麼時候吃飯，狗兒都能適應。**

「原來不是固定時間，由固定的人餵我吃飯啊！」

幼犬一天得吃兩到三餐，但成犬一天一餐就能攝取足夠的營養，所以打破慣性，對狗兒將來的健康管理也有好處。

9

時間一到，狗兒就狂吠不停，雨天也得外出？

改變散步時間，狗狗不再吵著出門

不少主人都曾為了狗兒清早的吠叫聲而煩惱。是的，愛犬又在催你帶牠去散步了！擔心愛犬的叫聲會打擾鄰居安寧，飼主只好急急忙忙帶著狗兒去散步，而狗兒也食髓知味，心想：「只要一叫就可以去散步了！」清晨4點不到就開始大聲吠叫。

「汪！汪！還在睡！已經到散步的時間了。」

「抱歉！抱歉！還讓你叫我起來。我現在立刻去準備，你等一下喔！」

這時飼主如果一出聲，狗兒就吠得越厲害，因為牠們知道，這麼做能夠讓飼主早點帶自己出門散步。為了讓愛犬知道「即使吠叫也不能去散步」，飼主理應照完全無視狗兒的吠叫聲。不過一大清早，考慮到周遭鄰居的安寧，自然不能放任不管。所以飼主必須消除狗兒催促散步的原因，改掉固定每天早晨散步的習慣。但這麼一來，吠叫的情況很可能會暫時變本加厲。該怎麼辦呢？

下雨天愛犬也不吵不鬧，乖乖在家「噓噓」

為了在短時間內解決這個問題，我們可以採用「天譴法」，讓狗兒整天綁著牽繩，一吠叫就拉扯，反覆這個動作。讓狗兒明白即使拚命吠叫，飼主也不會答應牠的要求。

在家中進行「首領出巡」（請參考p84）也是一個好方法。**如果讓狗兒養成散步時上廁所的習慣，遇上天候惡劣等無法散步的日子可就麻煩了，因此必須讓牠明白，起床後第一件事就是「在家裡上廁所」**。學會了以後，狗兒自然就會聽話了。

10

討厭住狗屋，在家裡又會隨地大小便，怎麼辦？

該關狗屋嗎？小空間其實更有安全感

寵物犬經常發生的各種問題，多數原因都不在狗兒身上，而是飼養方式出了問題。

「雖然屋裡不是很寬敞，但我還是希望狗兒能自由自在地玩耍。」飼主因為這種一廂情願為愛犬著想的想法，而將狗兒恣意放養在屋內。然而狗與人類的價值觀和習性並不相同，牠們出現亂叫、惡作劇、隨地大小便等令人頭痛的問題，就是因為放養。

前面曾經提過，若將狗兒放養在室內，狗兒會認為整間屋子都是自己的「地盤」，為了保護自己的地盤，牠們會時時戒備，保持神經緊繃。

話雖如此，突然要已經習慣在室內活動的狗兒住進狗屋，他肯定不會乖乖聽話。

「汪！汪！怎麼搞的？怎麼和之前不一樣？快點放我出去！」

這時飼主不可以心軟。在愛犬吠叫時，不能為牠開門，因為只要一開門，狗兒就會以為：「只要叫，門就會打開。」讓狗兒知道「拚命叫，門也不會打開」才是重點。

學會2妙招，輕鬆對付「一進狗屋就亂叫」的壞狗狗

如果狗兒叫個不停，你可以稍微抬高狗屋後側，讓狗屋地面稍微傾斜，這時狗兒就會因為不穩定感而停止吠叫。等牠安靜後才放下狗屋，如果牠又開始吠叫，請再度把狗屋後側抬高。反覆5分鐘，狗兒就會覺得「安靜比較好」，老實地待在狗屋裡了。

還有一招是「開關狗屋門」。先將門打開，等狗兒企圖跑出來時，馬上「啪」地一聲關上門。這種不愉快的經驗反覆出現幾次之後，即使打開門，狗兒也不想出來了。

11 睡狗屋不可憐！空間越窄越安穩？
金窩、銀窩，不如自己的「好狗窩」

一般人常以為狗兒喜歡活動，待在狗屋等狹窄的空間裡很可憐，事實上狗原本就是穴居的動物，除了出門狩獵外，幾乎都生活在狹窄的洞穴中。待在洞穴裡不會受到敵人攻擊，也沒有空隙讓外敵入侵，因此可以安心。

即使後來成為寵物，與人類共同生活，狗兒天生的習性依舊沒有改變，**牠們覺得「狗屋」這類狹窄的空間反而比較舒服，是能夠安心生活的私有空間**。

這樣餵狗狗，讓牠不再排斥進狗屋

看到這裡，各位或許會覺得很意外，原來想養出不會亂叫的穩重狗兒，得靠「狗屋」才行！因此，身為飼主的你，有義務告訴愛犬：「狗屋很舒適喔！」

你都在哪裡餵狗呢？多數人應該會將愛犬的餐碗擺在客廳或廚房的角落，在碗裡倒飼料吧！不妨試著偶爾讓愛犬在狗屋裡用餐吧！

將裝滿飼料的餐碗放進狗屋裡，等狗兒走進狗屋內，立刻把門關上？不對，我的做法不太一樣。**不等狗兒進入狗屋，就先把門關上。**如此一來，會發生什麼事呢？

這時，狗兒會想盡辦法進去吃飼料，牠們也許會咬門或撞門。因為不得其門而入，引發「想要進去」的心情，正是這個方法的關鍵。讓狗兒在外頭焦急一會兒後，再打開門，牠就會開心地奔向狗屋了。接著，在趁這個時候把門關上。

一開始愛犬可能一吃完飼料就馬上離開狗屋，但持續個幾次之後，牠就不會討厭狗屋，甚至會覺得待在狗屋裡也很舒適了。

12 善用飼料，狗狗馬上適應新環境！

「搬家」是改掉愛犬壞習慣的大好機會！

「在舊家時本來很乖，自從搬家以後，一有動靜就亂吠，怎麼會這樣？」似乎不少飼主都有這類的煩惱。搬家後，房子樣貌和感覺都變了，四周的環境也不盡相同，連看到的東西、聽到的聲音都和以前不一樣。對狗兒來說，就好像進入了「另一個世界」，因此牠們無法像過去一樣，當個好狗兒，安心生活。

讓愛犬習慣狗屋生活，從此不亂吠

然而，**換個角度來看，「搬家」也是改掉愛犬壞習慣的大好機會。**如果原本放養在室內的話，就可以趁機讓狗兒習慣生活在狗屋裡。當然，剛搬家就強迫愛犬養成新習慣，牠肯定會反擊大聲吠叫，因此飼主必須慢慢來，循序漸進地讓狗兒適應狗屋。

這個時候，飼料就能派上用場了。問題是把飼料放進狗屋，引誘牠進去後，立刻把

門關上這招一定會失敗。因為狗兒吃完飼料後會想馬上出來，如果在這個時間點把門關上，牠會認為自己上當了，開始懷疑飼主，成為飼主與愛犬間建立關係的一大阻礙。

當狗兒吃完飼料後想要出來時，飼主可以在門口再放一次狗飼料。反覆幾次後，狗兒就會這麼想：「只要待在這裡，飼料就會自動送上門來，真是個好地方。好！我就暫時先待在這裡吧！」

接著只要逐漸延長練習的時間，狗兒就能養成在狗屋裡生活的習慣了。

13 狗屋裝上「門」，減少狗狗居住壓力

養在院子很自由，狗兒卻渾身緊繃？

最近很多人將狗兒養在屋外，甚至直接將狗屋放在室外，卻不知道戶外狗屋沒有門，其實也是造成狗兒不安的原因。

沒有門的保護，待在裡頭很有可能被敵人入侵，因此狗兒會極度不安，不停地張望注意入侵者，無法安心生活，甚至感到害怕。

沒有門的狗屋對狗兒而言，終究無法成為安全的場所，因此只要有人靠近，牠就會大聲吠叫，不但成了「看門狗」，更因為時常亂叫而累積一身壓力。

多道柵欄不是阻礙，愛犬室外活動更安心！

各位已經知道如何解決了吧？沒錯！只要替狗屋「裝上門」即可。只要愛犬一進入狗屋就把門關上，四面環繞的私有空間，讓狗兒不再擔心入侵者，牠會因為受保護而感

到安心，從此不再胡亂吠叫。

有些飼主習慣在狗屋前打上木樁，再用鍊子拴住狗兒，讓牠能自由進出狗屋。然而這種飼養方式，對狗兒來說卻是壓力最大的。因為牠被綁著，就算敵人入侵也無處可逃，更加沒有安全感。

如果想讓愛犬在狗屋四周自由活動，不妨加上柵欄，如此一來，不僅能提供愛犬安全、安心的私有空間與舒適的活動環境，同時也能減少牠的壓力。

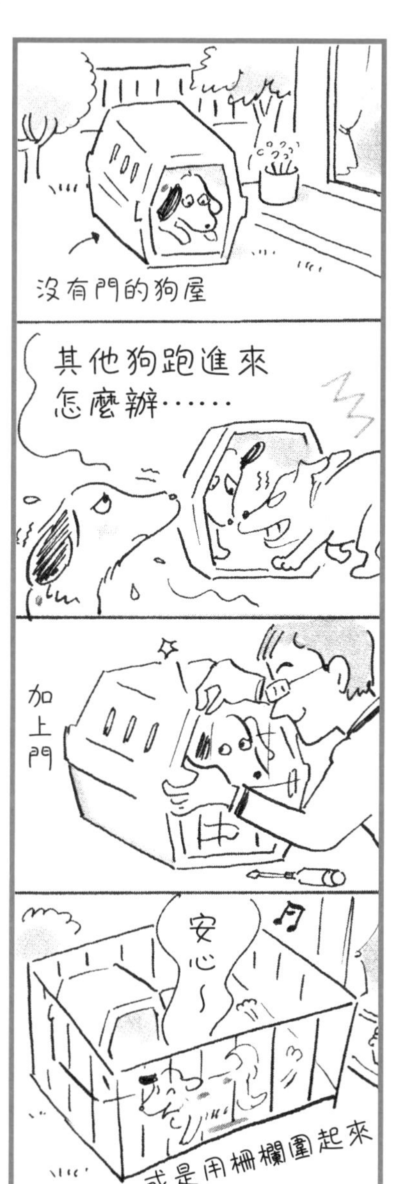

14

想帶狗狗開車兜風，一關車門就發抖狂吠，怎麼辦？

別急著發動引擎，先讓狗兒熟悉環境

不少人憧憬載著愛犬開車兜風吧！沿著海岸線奔馳，愛犬乖乖地坐在副駕駛座上，享受車窗吹進來的陣陣海風。然而，現實並非如此美好，許多飼主都失望地表示：「愛犬一上車就大聲吠叫，制止牠也恍若未聞。」

為什麼狗兒一上車就叫個不停呢？原因與室內放養的情況類似——因為飼主將狗兒「放養」在車上，狗兒從前後左右、四面八方都能看到外面。車子一動，進入狗兒視線範圍的東西也就越來越多，前方有散步中的狗兒走來、後頭有摩托車或腳踏車錯身而過……，景色不斷變換，令牠眼花撩亂。

「哇哇哇！怎麼搞的！」

來自四面八方的「資訊」讓狗兒驚慌不已，只好放聲吠叫。

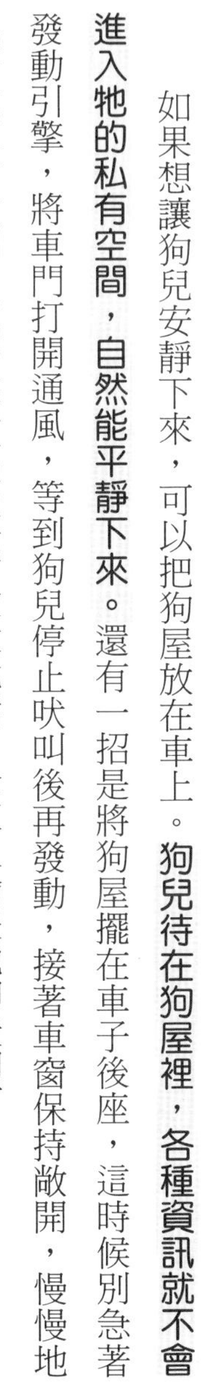

靠邊暫停，讓狗兒慢慢熟悉車內環境

如果想讓狗兒安靜下來，可以把狗屋放在車上。**狗兒待在狗屋裡，各種資訊就不會進入牠的私有空間，自然能平靜下來。**還有一招是將狗屋擺在車子後座，這時候別急著發動引擎，將車門打開通風，等到狗兒停止吠叫後再發動，接著車窗保持敞開，慢慢地繞著住家附近開。這時候千萬不要對愛犬說話，全家人愉快地聊天即可。

只要幫助愛犬建立這種觀念，牠就能慢慢接受長距離的兜風了。狗屋就是狗兒在車上的安全帶，為了確保愛犬安全，我大力推薦這種方式！

15 好神奇！我家狗狗聽得懂韋瓦第的《四季》？

主人心情放鬆，狗狗會「聞」得出來

「什麼時候你會覺得和首領一起生活很安心？」

如果能夠這樣問愛犬，所有問題就可以藉著「互相聊聊」輕鬆解決了！但現實生活中當然不可能如此。

要愛犬乖乖聽話？先放鬆自己再說！

「夠了！我（＝飼主）真想問問你到底想怎麼做？」

「你到底要我（＝愛犬）怎麼做？」

我想雙方應該每天都在內心不斷地互相質問吧！

「因為我不認為這個人是首領啊！」如果愛犬這麼回答，這恐怕是最糟糕的答案。

不只是飼主，愛犬同樣也過著充滿壓力的生活，而「吠叫」就是這項事實的體現。

某天，愛犬不再吠叫，飼主不知道原因，一探之下才發現原來和音樂有關！

「對了！牠會聽韋瓦第的《四季》。」

聽說從這天起，這位飼主家裡就經常播放韋瓦第的《四季》。

「啊！這首曲子聽了心情好好。主人常播呢！」

沒有證據證明「音樂」能夠讓狗兒心情變好，不過也許是因為聽了《四季》之後，飼主的心情放鬆了，狗是嗅覺敏銳的動物，牠嗅到飼主散發出的氣味不一樣之後，就會安靜下來思考。**飼主一放鬆，愛犬也會跟著放鬆**，而這個推波助瀾的功臣正好是《四季》。各位不妨也試著找一首能夠放鬆的曲子，讓愛犬聽聽吧！

5分鐘馬上學乖！
改掉狗狗「咬人、飛撲、低吼」3大惡習

Part 2

16

咬人惡犬，也可以訓得服服貼貼？
一口一口餵，讓狗兒明白「誰是老大」

有咬人惡習的狗兒共通點就是認為自己「很了不起」，因此只要給牠一點下馬威，就能馬上改善咬人的問題。話雖如此，但糾正狗兒的想法，並不一定得採取暴力，只要一口一口地餵飼料即可。我稱這種方式為「逐口餵食法」。**採用這個方法的用意是幫助狗兒建立「給我飼料的人就是首領」這個觀念。**

首先，以牽繩將愛犬繫在桌腳，接著，在碗盆中放入約一口大小的飼料，遞到愛犬面前。當他想湊上前吃時，就馬上把碗盆拿到牠搆不到的地方，反覆幾次之後，狗兒就會開始思考：「怎麼做才吃得到呢？」

「逐口餵食法」瞬間安撫愛咬人狗狗

等到狗兒明白自己即使走上前去，也吃不到飼料後，飼主就算遞出碗盆，牠也不會靠過來吃。在此之前，請盡量保持沉默，等到狗兒學會等待之後，再加上「等等」的口令。說完口令之後，在碗盆裡放入一口大小的飼料，接著讓狗兒等待兩三秒，再對牠說：「好！」並把碗盆拿近，讓他吃飼料。

以這種方式餵食，狗兒就能明白，飼料是由地位比自己高的飼主所提供。**狗的社會是上下關係清楚的「縱向社會」，當狗兒了解自己不是首領後，就不會亂咬飼主了。**

有些狗兒或許不會咬家裡的爸爸、媽媽，卻專咬小孩。遇到這種情況時，就改由小孩負責進行逐口餵食訓練。狗兒自認為小孩的地位比自己更低，因此由小孩進行相同訓練，同樣能夠成功逆轉地位排序。

17 先吃的才是老大？該讓愛犬先開動嗎？

利用狗社會潛則，改掉咬人壞習慣

利用上述的「逐口餵食法」扭轉主從關係，可以終止狗兒試圖支配人類的「咬人」舉動，以兩人一組的方式進行，效果更好。

一個人負責在碗盆裡放一口大小的飼料，當狗兒湊近要吃時，另一個人就輕輕拉扯牽繩，讓想靠近飼料的狗兒覺得脖子突然不舒服。

這時，狗兒會發現自己想靠近飼料卻動彈不得，而這個拉扯的動作就具有「天譴」的效果，因此牠會很快地聯想到：「不能動，要等一下！」如果能夠兩個人通力合作，建議使用這種方式訓練，更快更有效。

飼主先用餐，愛犬才能開動！別心軟讓牠先吃！

為什麼「逐口餵食法」能夠逆轉主從關係呢？

狗的社會原是仰賴團隊合作來捕獲獵物，而團隊中可以第一個吃獵物的正是「首領」。在首領用餐期間，其他狗絕不會去碰獵物，牠們會安靜等候首領的「允許」。等到首領允許後，其他狗兒才會按照地位高低，陸續開始用餐。

這是狗的社會中不容挑戰的規矩，當然，這個規則也會留在已經成為寵物犬的狗兒血液之中。所以，**狗兒會自然而然地把「給飼料的人」、「下令用餐的人」當作首領。**

從「首領優先用餐」的規矩來看，飼主與愛犬用餐的時間也必須調整。準備餐點時，你是否曾因為愛犬在一旁吵鬧，而忍不住先把飼料給牠？這種舉動會讓狗兒以為自己是首領。因此，飼主必須先用完餐，再給狗兒飼料，這是最高指導原則。

18 如何讓狗狗永遠忠心？一天5分鐘就能完成訓練

「狗背」與「胸口」緊貼，提高服從心

「從身後抱住狗兒，並轉動嘴巴」（hold still & muzzle control）最能夠發揮功效，提高服從心，使狗兒的服從天性「覺醒」。接著，我將為各位說明基本作法。

首先，請飼主繞到愛犬身後，雙膝跪地，把愛犬夾在大腿中間，再從身後將愛犬緊緊抱在懷中。

關鍵是「愛犬背部」與「飼主胸口」必須緊密貼合，如果一有縫隙，狗兒就容易掙扎亂動。即使狗兒抵抗，也要牢牢扣住絕不放手，因為只要一放手，狗兒會認為：

「原來我只要一動，他就會放開我。」

如果你家的狗兒是大型犬，可以先坐在椅子上，利用椅子輔助，再從身後抱住愛犬。你可以根據愛犬的體型，選用一般椅子或矮凳子，以方便進行。

一天5分鐘「從身後抱住並轉動口鼻」，建立主從關係

「轉動嘴巴」則是接著「從身後抱住」之後進行的動作。**一手扶住狗兒下巴，另一手則擺在狗兒胸前，接著，向左右、上下轉動愛犬的嘴巴，最後繞轉一圈結束。**一天5分鐘，持續進行就能看到顯著的效果。

地位較高的狗，可以觸碰地位較低的狗，反之則不行，這就是狗的社會規則。也就是說，「轉動嘴巴」這個動作可以讓愛犬知道自已的地位較低，再加上被人從身後抱住、無法抵抗，所以狗兒更不得不接受自己地位較低的事實。

19 狗狗好難懂，一碰牠就被咬，怎麼辦？對付「勢力狗」，先摸遍全身再說！

許多飼主都表示在修正主從關係的過程中，愛犬咬人、低吼等問題也會逐漸改善。然而，我希望各位注意一點：**如果狗兒是全家共同飼養的，那麼所有人都必須與牠建立良好的關係。**

舉例來說，父母親執行上述方法，讓狗兒了解他們的地位比較高後，如果孩子們沒有跟著進行這項訓練，狗兒就會認為自己在家中的地位比孩子們高。

愛犬乖乖趴下、翻肚肚，任誰摸都OK！

「體型高大的那兩個人地位比我高沒錯，不過小鬼頭們地位肯定比我還低！」於是孩子們一摸牠，就會被咬。因此，父母親和孩子們都必須進行這個訓練。

一開始由父母親從旁協助，最後孩子在各自以自己能夠做到的程度進行。如此一

來，狗兒就知道家中地位最低的是自己，而服從所有家人。

從身後抱住狗兒後，可以再試試另一個動作——「觸摸」（touching）。**讓愛犬側躺下來，接著摸牠的耳朵、腳、尾巴等末端部位，就能提高牠的服從心。肉墊的部分也要摸，尾巴要從根部一路往上摸到尾端。**如果愛犬沒辦法老實待著不動，飼主可以從上方壓住，告訴牠：「不准亂動！」

先摸摸牠的肚子、兩腳大腿根部，再摸摸嘴巴周圍和耳朵。持續的觸摸能讓愛犬覺得：「你摸哪裡我都可以接受。」藉此確立牠的服從心。

20 狗兒力氣太大，招架不住怎麼辦？兩人一組，用「獎賞」制伏好動大狗

「從身後抱住狗兒，並轉動口鼻」這個訓練最好在愛犬還小時進行，「出生2個月內」為最佳。因為這個時候狗兒的體型還小，比較方便控制，權力本能也尚未發達，個性天真。然而，如果飼主一味溺愛放任狗兒，就怕牠越大抗拒得越厲害。

等狗兒體型大到一個人無法控制時，不妨兩個人通力合作。一個人在狗兒的面前給牠少量獎賞（飼料），趁著狗兒湊近要吃時，另一人再繞到牠身後，輕輕夾住雙腿固定狗身。這個訓練原本會讓狗兒覺得「不想被摸」、「不愉快」，但因為有了獎賞，而變成好事一件。

逐漸提高獎賞，讓叛逆狗狗不再反抗

這個訓練一開始最難的就是箝制住好動的狗兒。**減少狗兒抵抗的祕訣在於單手牢牢握住下顎，讓牠的背部和自己的胸部緊密貼合。**狗兒完全無法抵抗這種箝制方式。

當愛犬想抵抗時，就給牠獎賞，反覆幾次下來，最後即使在牠熱衷吃獎賞時「從身後抱住」，牠也不會抵抗。因為狗兒已經在反覆練習的過程中習慣這個舉動，要經過比較久的時間，牠才會開始反抗。當飼主從身後抱住牠時，狗兒會想：

「應該有獎賞吧？什麼時候會給我呢？喂！究竟什麼時候給我？」

只要提高狗兒對獎賞的期待，牠就沒空反抗了！這時候，也可以嘗試轉動口鼻。狗兒天生擁有絕佳的順從性，只要徹底消除牠對「從身後抱住」的抗拒，即使沒有獎賞，牠也不再反抗。

21 嬉戲時，狗狗總會不停啃咬我的手，這樣好嗎？

對狗兒的挑釁，「無視」是最好懲罰

狗兒想讓飼主陪牠玩耍時，會輕咬對方示意。要改掉這個壞習慣，基本上可以利用上述的方法，堅定狗兒的服從心。不過有另一個方法也相當有效，而且非常簡單。**在跟愛犬玩時，如果牠開始輕咬你，就什麼也別說，立刻離開現場。**「這樣就可以了嗎？」我相信一定有不少人覺得納悶：「人走開後，牠當然不會再咬了啊！這麼做並沒有『解決』問題吧？」這麼想你就錯了！因為狗兒開始輕咬，表示想找你一起玩耍，這時飼主如果順著牠的意思，地位高低就決定了。

對付頑皮狗只要視而不見，問題就少一半！

狗兒會透過玩樂確認地位順序，因此，這麼做只會讓狗兒以為牠的地位比你高；相對地，立刻離開現場則代表不受狗兒蓄意挑釁的影響。

如果飼主什麼也不說地就把臉轉開，或走到其他地方，狗兒就會開始思考：「你不玩嗎？我特地邀請你，你居然無視我，實在太無趣了！我下次不會再找你了！」最後，這個壞習慣不只在當下，以後都不會再出現了。

然而，狗兒湊過來時，多數的飼主都會順著狗兒。「喔！好乖好乖，我就陪你玩一會兒吧！」如此一來，狗兒會認為只要作弄你，就會得到回應。

一如前面所述，**狗兒會透過玩耍來決定地位的高低，因此玩耍時，狗兒會透過各種表現，顯示自己較高的地位**。玩耍的過程如果是由飼主主導就沒問題，但切記避免回應狗兒蓄意的作弄，對於牠們的作弄要徹底「無視」，就能避免狗兒誤會。

22 越陌生的地方，狗狗越好教！

各種方法都試了，狗狗還是教不來！真傷腦筋？

地盤對狗兒來說意義重大。地盤是必須守護的地方，也是最能安心的地方，更是能隨心所欲自由行動的地方。然而，從「管教」的角度而言，狗兒的地盤意識會造成一些問題。狗兒與飼主間已經有穩固的「主從關係」就另當別論，如果這層關係尚未確立，狗兒就會變得很「自我」。

例如，飼主想要藉由上述的「從身後抱住」、「轉動口鼻」或「觸摸」來訓練愛犬服從時，狗兒就會出現地盤意識，強勢且猛烈地反抗：「這可是我的地盤耶！你想做什麼？我不可能讓你稱心如意的！」

離開地盤，狗狗會收斂許多，變成膽小鬼

狗兒在自己的地盤會表現得很強勢，換句話說，只要在地盤之外的地方，強勢就

會收斂起來，變成不折不扣的膽小鬼。帶愛犬回老家或拜訪朋友時，相信不少人都會發現：「咦？牠平常不是這樣啊！今天怎麼這麼乖？」

當家中的訓練始終無法順利進行時，可以選擇在狗兒不熟悉的地點進行。例如，如果老家就在附近，可以選擇回老家，或者去公園。

如果是去平常散步的公園，可能不會有太大的效果，因為狗兒會把走慣的地方視為自己的地盤，所以在這些地方，牠的地盤意識依舊強烈。**「第一次去」、「陌生地點」是重要關鍵，不妨把握這個原則，尋找適合愛犬的管教地點吧！**

23

該縱容愛犬玩笑式的「輕咬」嗎？

「耳邊吹氣」，狗兒也會招架不住

面對愛犬玩笑式的輕咬，每位飼主的處理方式都不盡相同。有些人覺得狗兒的模樣很可愛而隨牠咬，有些人則會大聲怒斥：「不可以！」、「不乖！」

然而，我前面也曾提過，玩笑式的輕咬會逐漸「升級」，等到狗兒長大後，隨便咬一口，都可能會讓飼主疼痛、受傷。

如果過去只把這種行為當作「可愛」看待的飼主，突然改變主意，告訴愛犬：「不可以這樣！」原本認為理所當然的牠自然不會服從。

那麼，難道真的要從頭教起嗎？如果現在愛犬正咬著你不肯鬆口，該怎麼辦？

不要放任狗兒輕咬，會養出壞習慣！

這種時候有個最快速的方法，就是對的狗兒的耳朵「呼」一聲地吹氣。

狗兒的耳朵比人類敏感，因此這樣一吹能有效嚇阻狗兒，讓牠放開原本咬緊的手。

接下來只要一聲不響地離開現場即可。

這個方法也屬於天譴法，所以吹氣時要佯裝不之情，離開時也要盡可能保持沉默。

重點在於擺出毫不知情的表情，別讓愛犬發現：

「啊！剛剛在我耳朵邊吹氣的人就是你！」

吹氣雖然非常有效，但要讓狗兒自動產生「不可以亂咬人」的想法，最有效的還是每天進行「從身後抱住」、「轉動口鼻」和「觸摸」的訓練。

24 狗狗調皮輕咬，其實是在「確認自己的地位」？

從幼犬就「嬰兒抱」，關係好親密！

狗兒喜歡咬人的習慣源自於幼犬時期。這時的狗兒會調皮地輕咬飼主的手，讓飼主以為：「啊！牠在玩耶！」因為模樣太過可愛，不忍心制止而放任牠咬。

但是各位可千萬別誤會了！狗兒雖然不是真咬，但這個舉動也絕不是在和你玩耍，而是在確認團體中地位的高低。

就算是年幼無知的幼犬，也會利用輕咬的舉動，確認自己的地位高低。這個舉動在狗的社會裡，只有地位高的狗兒才能對地位低的狗兒做，反過來則不被允許，因此，飼主放任狗兒輕咬，幼犬就會以為自己的地位比飼主更高。

喜歡「抱抱」的狗，一定忠心！

如果任由愛犬這樣長大，牠往後可能真的會咬傷人喔！飼主們要趁著愛犬還年幼時，就確實培養牠的服從心。

方法很簡單！只要狗兒一咬手，就立刻將牠的肚子朝上抱起。對，就像抱嬰兒一樣。**肚子朝上這種毫無防備的姿勢代表了服從，飼主必須一邊以嬰兒抱的方式抱起愛犬，一邊盡情撫摸牠的肚子。**

別擔心這麼做會養成牠喜歡討抱的習慣，抱得越勤快，幼犬越會這麼想：「把一切都交給這個人一定沒問題。」服從心就越是穩固。想要與幼犬「親密接觸」的話，不能養成狗兒自以為是首領的咬人或飛撲等惡習，利用這種嬰兒抱的方式寵愛牠吧！

25 吃飯皇帝大，「老大用餐，小的滾邊！」

「吼！別碰！」一靠近狗狗吃飯，牠就警戒低吼？

許多飼主聽到狗兒狼吞虎嚥地吃著碗中的飼料，就會忍不住瞇起眼睛讚嘆：「今天也乖乖吃飯呢！真是好孩子。」並且不自覺地靠近碗盆。這時，狗兒如果低吼威嚇或是放聲大叫，就是危險的警訊，飼主們務必注意。**狗兒天生具備保護自己、避免被捕捉的「監視自衛本能」**，牠們從遠古祖先「狼」的DNA，繼承了「下次不曉得何時才能再捕獲獵物」的想法，因為不曉得下一餐何去何從，狗兒會誓死保護食物。

「我在吃飯，你走開啦！」這種狀況下，誰是「主」？誰又是「從」呢？

「老大用餐，小的滾邊！」是狗兒本能作祟？

我推薦各位使用稱為「三大管教法」的「從身後抱住並轉動口鼻」（p50）、「觸摸」（p52）以及「首領出巡」（p84）。如果希望盡早解決問題，不妨採用「逐口餵食

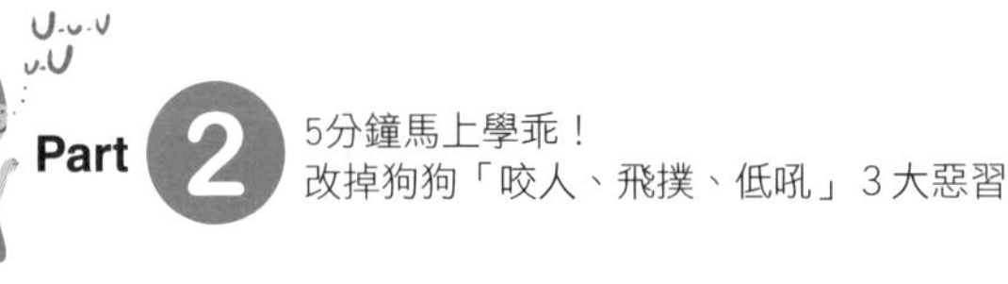

法」（p46）。在碗盆中一口一口地放入飼料，或是將飼料擺在手心上餵食，都是讓狗兒學會飼料是從人類手中取得的好方法，反覆幾次，就能解決問題。

用餐前先進行「背線按摩」（p68）也是一種方法。自以為是首領的狗總會不自覺地渾身緊繃，因此用這個方法，可以緩和愛犬的緊張感。

如果你家狗兒已經是成犬了，要改掉警戒低吼的壞毛病就會比較困難，不過有個最簡單的方法可以避免愛犬低吼，那就是在牠用餐期間都不要靠近，以避免狗兒緊張。接下來，再想想怎麼奪回首領寶座吧！

26 我家狗狗一咬玩具就不放，還會對著我吠？飼料換球，養成「放開玩具」好習慣

剛開始養狗時，挑選玩具也是樂趣之一。狗兒還小的時候，無論給牠什麼，牠都會玩得很盡興，但隨著愛犬日漸長大，情況也會逐漸改變。

許多飼主都曾問我：「以前只要一丟球，牠就會開心地撿回來，不曉得什麼時候開始，我一想拿牠咬回來的球，牠就會對我低吼，為什麼？」

首先能夠想到的就是，飼主的首領地位勢衰了，必須設法提高地位。用這個方法試試吧！陪愛犬玩耍後，別讓牠一直拿著玩具，從幼犬時期就讓愛犬養成習慣。「遊戲時間結束囉！來，球還我。」

「點心作戰」，讓狗兒乖乖把玩具交出來！

不過，低吼的狗兒通常相當頑固，如果你想拿牠咬著的球，牠會吼得更厲害。

「低吼」會導致敵對關係產生，所以要盡可能地縮短愛犬低吼的時間。

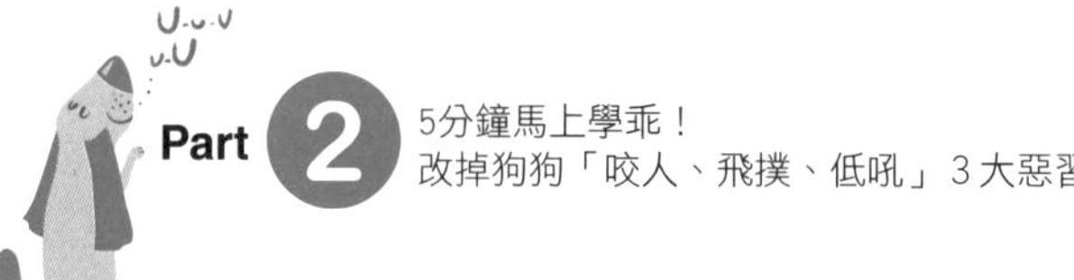

這時，可以再多準備一顆球。

「咦？還有一顆球？」發現球有兩顆後，狗兒就不會對嘴裡咬的那顆過份執著。飼主可以丟出另一顆球，如此一來，狗兒應該就會放掉咬著的那顆，跑去追飛出去的球。

用飼料換球也是一個好方法。**愛犬一低吼，就把飼料撒在地上。**這時狗兒當然會注意到美食：「這邊比較好！」趁著狗兒分心時，再若無其事地回收球。

這個方法的重點在於不要用手餵食，以及撿球時要確認狗狗正在專心吃東西。

希望狗狗放開玩具的話…
咦？還有另一顆？
或者是……
飼料
這邊比較好！

27

我家寶貝討厭刷毛，該怎麼改善？

「背線按摩」，讓狗狗陶醉刷毛時刻

幫狗兒打理外觀，少不了的步驟之一就是刷毛了！但有些狗兒會在刷毛時低吼或亂動反抗，讓不少飼主相當頭痛。**狗兒抗拒刷毛的原因之一，在於不習慣身體被人觸碰。**

狗兒多半討厭人碰自己的手腳和尾巴，偏偏刷毛時一定會觸碰到這些區域。如果你家愛犬不喜歡被人摸這些地方，不妨先充分進行前述的「觸摸」訓練，等到愛犬習慣後，再進階挑戰刷毛。

另一個原因是狗兒過去曾在刷毛時吃盡苦頭，例如，對於拉扯毛球或拔毛等有負面印象。這種時候，採用「觸摸」訓練固然有效，不過也可以試試另一個方法——「背線按摩」。

狗兒的背上有自律神經通過，自律神經分為交感神經（活躍於白天）與副交感神經（活躍於夜間），功能恰恰相反，而背線按摩正是利用這兩者之間的關係。

用指尖按摩背部，紓緩緊繃神經，穩定狗兒情緒

做法很簡單，**只要用五根手指指尖按摩狗兒「尾巴根部」到「脖子」的這條線，反覆進行幾次，讓狗毛倒豎，狗兒就會露出陶醉平靜的表情了。**

當狗兒感到恐懼或受到外來刺激而亢奮時，交感神經的作用會使得狗毛倒豎，為了讓狗毛恢復原狀，我們必須利用副交感神經，幫助狗兒穩定情緒。這就是以「手」代替「刷子」的刷毛法，反覆幾次之後，狗兒就會愛上刷毛囉！

28 狗兒跳沙發，會越來越沒大沒小？

製造「假意外」，狗兒再也不作怪

「飼主坐在客廳沙發上休息時，愛犬輕快地跳到飼主身邊，於是飼主伸出手來，摸了摸愛犬的頭……」這個光景乍看和樂融融，其實背後也埋藏著愛犬「自以為是首領」的種子。**跳上飼主所在的沙發或椅子，代表狗兒認為自己的地位與飼主一樣。**

飼主與愛犬最理想的關係是：「飼主＝主」，「狗＝從」。唯有在這個關係下，狗兒才會乖乖聽從飼主的話，安心地過生活。相反地，放任狗兒隨意跳上沙發或椅子，愛犬與飼主間將永遠無法建立正確的主從關係。

進行時必須「面無表情」，避免讓狗狗出現不信任感

解決問題最有效的方法就是利用「坐墊」。在坐墊的一端綁上繩子，接著擺在沙發上。當愛犬一跳上來，就立刻拉動繩子，讓坐墊滑落，使牠失去平衡而跌倒。這種不舒

服的感覺，會讓狗兒心想：「好痛喔！還是別跳上沙發比較好。」如果是椅子，可以直接打斜，讓狗兒滑落，產生「不舒服，所以不要跳為妙」的想法。

無論使用哪一種方法，都必須面無表情，沉默地進行。**如果飼主對坐在椅子上的愛犬說：「喂！不可以坐在這裡。」一邊打斜椅子的話，狗兒就會知道是誰讓牠不舒服，而對飼主產生不信任感**，認為：「這傢伙會對我做出討厭的事！」

以往愛犬每次跳上沙發，你都默許，所以這一招剛開始進行時，狗兒即使跌到地上，仍會再度跳上沙發。不過天譴法十分有效，多試幾次後，牠就不會再跳上沙發了。

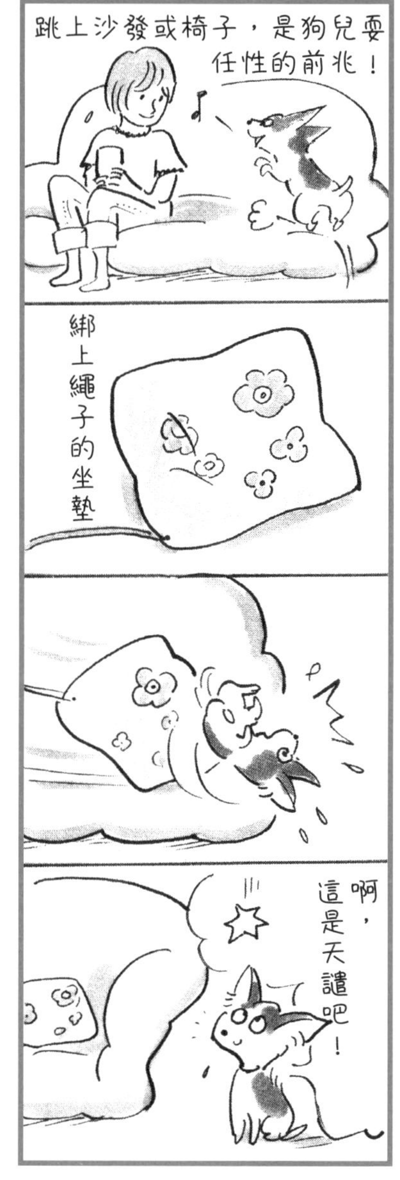

29 不讓狗兒上床睡，建立正確主從關係

和愛犬「共枕眠」，早晚出問題！

當狗兒想跳上沙發時，就會遭到天譴。這時，狗兒會開始思考：「為什麼會這樣？」不久之後，牠就會了解沙發下或椅子旁邊才是自己的位子。

既然愛犬已經學會不跳上沙發、椅子，現在正是教牠不要跳上床的大好機會。

習慣和愛犬一起睡的飼主或許會認為：「現在要和牠分開睡，好像有點可憐……」愛犬跟著飼主到寢室後，跳上床一起睡覺的舉動乍看之下很聰明，也似乎能夠加深飼主與愛犬之間的情誼，但事實上，絕不能把人與狗之間的關係視為「平等」。

不是處罰，而是教會牠「這不是你的位子」

狗的社會中並不存在平等關係，不是「上」就是「下」，在建立關係時，只能二擇一。因此，如果飼主地位不在「上」，與狗之間的權力關係就會逆轉，最後逐漸衍生

「如果趕牠下床，牠就會低吼示威或咬人」等惱人問題。

當然，如果飼主與愛犬間的主從關係穩固，則另當別論，倘若不是如此，最好和沙發、椅子一樣，讓狗兒養成「不能跳上去」的習慣比較妥當。

想讓狗兒遠離床鋪，**最快的方法就是關上寢室房門。如果沒有房門可關，在床上鋪上一塊布，也是個不錯的辦法**。作法與沙發一樣，只要愛犬一跳上床，布就會順著牠的體重掉落，跳上床的愛犬也會跟著滑落床鋪，因為這個突如其來的天譴感到驚訝，而開始思考。這麼做不是處罰狗兒，請試著運用這個方式告訴愛犬：「不可以跳上床！」

30 在「桌下吃飯」很正常，不要心軟！

再愛，也不能和牠同桌吃飯！

全家人圍著餐桌共進晚餐時，相信有不少飼主也會讓愛犬加入其中。其實，這種把狗兒當作一家人，凡事同進退的作法，也會帶來不少麻煩喔！

只要讓狗兒學會了坐椅子，飼主一不在，牠就會坐到椅子上，把前腳跨上餐桌，甚至大口吃著桌上的東西。狗兒不懂得節制食量，只要看到食物就會忍不住去舔，如果桌上正好擺著一條準備當飯後甜點的蛋糕捲，那可就糟了！

請給寵物犬吃專屬的狗食。最近有不少狗兒罹患與人類一樣的文明病，也有不少飼主煩惱愛犬過胖，引發這些問題的罪魁禍首就是放任狗兒，和人類吃一樣的食物。

妙用牽繩，讓狗狗養成不爬餐桌的好習慣！

話雖如此，一直以來都都讓愛犬和家人同桌吃飯，現在突然不准牠上桌，牠還是會

想跳上來吧？這時候就可以利用牽繩。**在用餐前，將牽繩綁在桌腳，就能避免愛犬跳上椅子。狗兒可能會不死心的試跳幾次，這時飼主必須無視牠的舉動，當然也不能出聲。**

這時，狗兒可能會伸出前腳在拿著筷子的飼主腳邊要求食物，甚至大聲吠叫。如果心軟給牠食物，牠就會以為只要要求就能得到食物，反而適得其反。

所以當狗兒不斷要求食物時，請輕輕從正上方拉扯一下牽繩。全家人的無視和牽繩的控制，可以讓狗兒開始思考：「要待在自己的區域吃飯才行！」

31

「搖尾飛撲」不是歡迎？是示威！

使出「黃金左腳」，改掉狗狗飛撲惡習

一看見飼主，狗兒就會搖著尾巴飛撲過來。

「見到我這麼開心啊！好可愛！」我想飼主們都會這麼想吧！但是請等一下，這個舉動絕對不是歡迎的意思喔！**飛撲是地位較高的狗，對地位低的狗做的舉動，這是狗社會中的默契，表示狗兒正在宣告：「我的地位可是比你高！」**

為了糾正狗兒這種想法，我們必須阻止牠飛撲。那麼，該怎麼做最有效呢？

只要一次就有效果！大型犬可請家人協助幫忙

愛犬一飛撲過來，飼主就用腳掃牠的後腳。原本支撐身體的後腳被這麼一掃，即使運動神經再好的狗兒，也會跌個四腳朝天。

「咦？我跌倒了！」正在專注飛撲的狗兒不曉得自己遇到什麼狀況。這招真的相當有效，只要一次就能讓狗兒開始思考，並且順從。

狗兒的飛撲總是來得突然，所以只要不經意地一掃腿，牠就會馬上跌倒。愣住的狗兒不會再飛撲過來，甚至會乖乖待在飼主身旁，配合飼主的步調走路。

不過如果遇上大型犬，因為體重的關係，即使牠飛撲過來，我們也很難輕快地掃腿絆倒牠。這時候就需要家人或朋友的幫忙了！如果還是覺得很困難，不妨先試試看下一篇介紹的轉身法。

32

狗狗飛撲是惡習，要盡早導正！
巧妙利用「轉身法」，狗狗變穩重

對付狗兒的飛撲還有另一個方法。

當愛犬想飛撲上來時，飼主可以轉過身來，背對愛犬。如此一來，牠就會失去「目標」，前腳咚地一聲著地。「咦？發生什麼事了？」如果狗兒還是堅持繞道前面繼續飛撲的話，飼主可以再繼續轉身背對牠。

無論牠多想撲上來，都找不到目標，無功而返。明白這一點後，狗兒會這麼想：「這件事怎麼也做不到，所以一定是不能做的事！」而停止飛撲的舉動。

狗狗飛撲好熱情？太過頭反而會造成傷害

當然，飛撲的舉動也不是必須被完全禁止。當飼主允許，並且下令：「好，過來！」愛犬如果能聽從指示飛撲上來，就不成問題。因為這表示狗兒服從飼主的指示，主從關係相當穩固。

問題就出在狗兒「擅自」飛撲時。飼主或許覺得：「狗兒鬧著玩時好可愛啊！」但你知道狗兒腦中在想些什麼嗎？這時的牠正處於亢奮狀態，一心只想強調自己的存在。**在人類眼中看起來開心、討人喜歡的舉動，其實是狗兒在主張：「我的地位比你高！」如果繼續縱容不管，飛撲會演變為低吼恐嚇，甚至咬人。**

狗兒飛撲來訪的客人，我們可以想成是狗兒對於外人侵犯自己領域時的威嚇。狗兒在主張：「這裡可是我的地盤，別擅自進入！到了這裡就要聽我的！」

散步我作主，5分鐘搞定！
你是遛狗，還是「被狗遛」？

woof
Part 3

33 散步真辛苦！狗兒一戴上項圈就不會動？
討厭束縛的狗兒，也能愛上戴項圈

「帶狗散步好辛苦啊！牠討厭項圈，總是得費好大一番功夫才肯戴上……」相信不少飼主都有這樣的煩惱。開始從胸背改成帶項圈時，往往需要與狗兒搏鬥一番。解決這種情況的最好方法，就是讓狗兒產生「戴上項圈，就會有好事發生」的想法。

首先，**將雙手兜成一個圈，套過愛犬的鼻子，讓牠不要亂動。接著用嘴巴咬著獎賞（也就是飼料），狗兒受到獎賞的吸引，就會主動鑽過圈圈。**這樣就完成了第一階段的訓練——「脖子套圈圈」。

利用「套圈圈遊戲」，幫助愛犬慢慢適應項圈

反覆幾次，直到狗兒不再抗拒圈圈通過脖子的感覺，就進入了第2階段。這次以雙手環著項圈進行。因為狗兒已經知道「脖子穿過圈圈就會得到獎賞」，所以即使飼主手拿項圈，他也願意穿過頭去。

「愛犬品嘗獎賞時」正是戴上項圈的最佳時機，迅速著裝完畢，讓他甚至來不及討厭，根本不需要5分鐘的時間。

原本討厭項圈的狗兒，突然戴上項圈當然會感到渾身不對勁。**為了讓牠習慣，可以先綁上牽繩，讓牠在室內隨意走動，慢慢習慣脖子上的項圈和牽繩。**接著，換飼主不拉住牽繩，在室內來回走動看看。這時，愛犬是否會跟著飼主一起走動呢？

如果愛犬跟著走動，那麼外出散步的準備就完成了！牠已經不再排斥項圈和牽繩，今後無論任何時候想出門，都可以輕鬆外出散步。

34 到底是散步遛狗，還是被狗遛？運用「首領出巡」，讓牠知道誰是老大

活力充沛的狗兒往往一出玄關就奮不顧身地往前衝，跟在牠身後的飼主只能皺著眉頭被拖著走。小型犬倒還容易控制，如果是大型犬，飼主可就苦不堪言了。

狗兒擅自選擇前進的方向，拉著飼主向前衝，就是因為牠認為自己是首領：「你還在磨蹭什麼？快點跟上來啊！」所以一遇到其他陌生狗兒，就會汪汪地吠叫威嚇。

這種時候最有效的方法就是「首領出巡」。當狗兒想往前衝時，飼主就轉身往反方向走；當狗兒拉扯牽繩想要前進時，飼主就再往反方向走。這個舉動會讓狗兒心想：「咦？原來我不是首領啊！我沒辦法走在最前面耶！」

避免與狗狗四目相接、保持沉默是成功技巧

在狗的社會中，只有首領可以走在前頭，而「首領出巡」就是故意走與狗兒相反的

方向，告訴牠：「看清楚！帶頭的人（飼主）才是首領。」

這個時候務要避免視線接觸，因為在狗社會裡，注視對方表示服從，是低位較低的狗，對地位高的狗示弱時所做的舉動。避免與愛犬四目交接，並保持沉默，就可以讓愛犬頻頻注視著你，跟著你走。

「首領出巡」還有一項重點，那就是飼主必須先靠向拉扯牽繩的狗兒，放鬆牽繩後，再轉一圈，讓牠覺得脖子不舒服。**因為互相拉扯牽繩會引起狗兒反抗，必須留意。**

35

怕狗狗迷路？這樣做，讓牠乖乖陪你散步

「走走停停散步法」，狗狗從此跟定你

對付散步時喜歡拉扯牽繩、隨意走動的狗兒，前面介紹的「首領出巡」成效顯著。但是，有些飼主可能會覺得效果並沒有想像中的好。**我建議這些飼主不妨改用「靜止型」的首領出巡「走走停停散步法」。**

因為必須「靜止不動」，所以飼主一開始不能移動。如果這時拉緊牽繩，狗兒就會出於本能地用力拉扯反抗，因此飼主必須先瞬間放鬆牽繩，再用力拉住。

好狗狗，乖乖跟我一起走

「咦？不是要去散步嗎？」這時，狗兒的思考迴路就會開始運轉。

「主人一臉不知情的樣子，也沒對我說話。脖子上又有一股拉扯的力量，這是要我坐下嗎？」狗兒得出這個答案後，就會在飼主身旁以靜止的狀態坐下。這個時候，你才

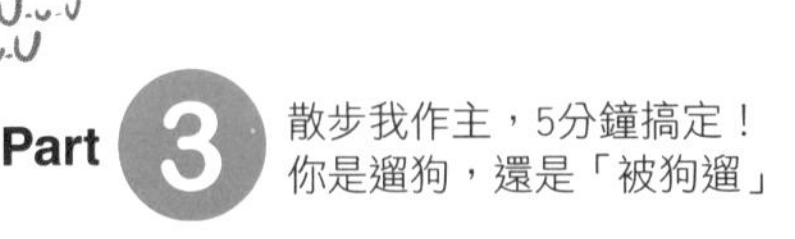

能往前踏出一步。

「耶！終於要去散步了！」

但是才往前一步，脖子又被緊緊拉住，飼主還是一副不知情的表情……。反覆幾次之後，狗兒的情緒就會變成這樣：「看樣子我只好乖乖聽從這個人的話了！」在此之前必須不斷走走停停，以牽繩控制狗兒。

散步途中，愛犬會緊跟在飼主身旁，每次前進都會抬頭看看飼主。這就是信任並且願意跟隨這位首領，表達「你要保護我喔！」的意思。

36 不再和狗狗玩「拉扯牽繩遊戲」！找回親密關係，「牽繩」很重要！

項圈和牽繩就像連結飼主與愛犬的「安全索」，這條安全索是彼此「互信關係」的縮影，讓狗兒能生活在人類社會中，所以學會控制牽繩就變得十分重要。

很多飼主都曾問我：「我試過『首領出巡』了，卻不是很順利，該怎麼辦？」事實上，只要由我親自指導、拉牽繩，就算是初次見面的狗兒，也會乖乖跟隨。然而，換飼主上場時，狗兒卻又馬上故態復萌，與飼主間相互拉扯牽繩，為什麼呢？

有訣竅地控制牽繩，提高狗狗對你的信任度

各位會認為牽繩必須緊緊拉住，如果被狗兒拉走，就要再拉回來。其實這個舉動會讓狗兒沒有餘力思考，只能根據權力本能得出這樣的結論：「你為什麼要扯牽繩？」

控制牽繩的訣竅在於「將牽繩握短一點，只留下一小段」。也就是說，剛開始先握短一點，等愛犬一拉扯牽繩，就以靠近牠的方式放鬆牽繩。如果一開始握得太長，就很

難製造放鬆的機會，反而會讓飼主開始苦惱：「該怎麼樣拿才能放鬆呢？」

帶狗兒出門散步時，首先要將牽繩握得短一點。繞在手上會不方便控制，因此最好的方法是「將多餘的繩子對折後，握在手掌中」。

只要愛犬一扯動，牽繩就會變長，這時候飼主必須靠近牠，再拉扯牽繩。**另一項重點是，許多人誤以為必須「向後」輕扯牽繩，事實上應該要往「正上方」輕扯。**無論在屋內或是室外，牽繩都要從正上方輕扯，請各位務必試試看。

37 禁止亂撒尿，終結愛犬「地盤意識」

狗狗一出門，就到處亂撒尿，怎麼辦？

帶狗狗出門散步，牠做的第一件事是什麼呢？沒錯！就是「做記號」。有些狗兒只要一出家門，就會鎖定附近的電線桿撒尿。做記號是狗兒標示私有地盤的舉動，來自於牠們的「權力本能」。權力本能越強烈的狗兒，越容易在高處或到處撒尿，就算沒有撒尿，也會抬高腳，做出撒尿的動作。

如果你以為這是愛犬外出散步的樂趣之一，沒辦法導正，那可就大錯特錯了！

改掉「亂做記號」壞習慣，很簡單！

權力本能是狗兒對於首領，也就是飼主的服從本能凋零而產生的。到處亂跑、做記號的狗狗會這樣想：「你看看！這裡是我的地盤，必須快點讓其他的狗知道！你快點跟我來！」狗兒的服從本能日漸稀薄，權力本能逐漸抬頭，拉著飼主四處做記號，如果變成這樣那可就麻煩了！

相信每位飼主都希望自家的狗兒能夠乖乖聽話，但一旦狗兒的權力本能抬頭，飼主越是擺出一副「拜託你」的姿態，狗兒就越不願意聽從飼主的命令。不但如此，**一旦狗兒以為自己是團體的首領，就會經常神經緊繃，成天無法安心，不斷地累積心理壓力。**

對付這種狗兒，可以利用「首領出巡」。當愛犬一拉扯牽繩，就立刻靠近牠，放鬆牽繩並轉過身來。不讓牠繼續拉扯牽繩，藉此奪首領的寶座。請飼主先熟悉這種牽繩控制的方式，訓練起來會更加得心應手。

38 純散步！養成「定點排泄」的好習慣

散步撒泡尿，不是理所當然?!

許多飼主誤以為愛犬做記號的舉動是「散步兼排泄」，所以多半不會計較。「我以為出門散步，狗狗順便大小便是理所當然的耶！」相信不少人都有相同的想法吧！事實上並非如此。

散步的最終目的是為了狗兒的健康，因此應該要把散步視為運動才對。**為了避免狗兒在散步時亂做記號，最好讓牠養成在家排泄的習慣，在廁所大小便後再出門。**

養成狗兒在家排泄的習慣是飼主的任務，這一點也不困難。就和人類一樣，早上起床後會去上廁所，吃完飯後會想排便，狗兒的生活作息也是如此。

狗狗也會用大便做記號？是真的！

曾經有飼主諮詢這樣的問題：「明明在家裡排泄後才出門散步，牠還是會在散步途中大便，而且是軟便，真傷腦筋！」散步中再度排便，也屬於做記號的一種，這種情況

下排泄出來的屬於腸內積便，質地偏軟。

只要讓狗兒隨意聞聞地上的氣味，各種記號就會進入牠的鼻子。「有人在這裡大便！我也來！」**狗大便是有效的記號，也是權力鬥爭的方式之一**。特別是有些狗兒在大便完後，會用後腳猛踢地板，表示自己已經留下記號了。

狗兒會一邊聞地上的氣味，一邊找尋「正確的位置」。這時候，飼主可以利用牽繩控制，從正上方用力一扯。如果狗兒仍舊冥頑不靈的繼續聞，則可以搭配「首領出巡」，加強訓練。

39

狗兒一出門就在地上嗅來嗅去，不想乖乖散步？

繞道而行，狗兒散步不再亂聞、亂尿

想消除狗兒因為服從本能凋零而養成的做記號習慣，就要避免讓狗兒單獨出門散步。當然，對狗兒而言，權力本能也是與生俱來的天性，不可能完全消除。

「不讓牠做記號實在太可憐了。」我相信很多飼主有同樣想法。

既然如此，何不試試這一招？**規定在散步路線的某個定點之內，不讓狗兒做記號，等到走到大型空地時，再稍微讓牠自由活動。**在抵達空地前，盡可能避開狗兒容易做記號的場所，例如：電線桿上有各種狗兒的味道，散步時最好繞過。

這是什麼味道？哇！是主人的臭腳丫！

「咦？平常聞到的氣味變得好遠哦！」狗兒也許會盯著那裡，依依不捨地回頭，這時飼主要直視前方，一邊利用牽繩控制方向，一邊前進。

「啊，錯過了！沒關係，還有下一個地方。咦？這裡也繞過了？」

就這樣一個又一個地摧毀愛犬曾做過記號的地盤，如此一來，牠就會注意到今天的散步與平常不同：「今天雖然沒有聞到很多味道，但心情好像很平靜。」

如果狗兒企圖衝向電線桿，在牠低頭聞味道的那一瞬間，飼主得伸出腳尖阻止。接著，**愛犬可能會因為驚嚇而抬起頭，你要裝作不知情，再以牽繩帶牠快速離開現場。**反覆幾次下來，狗兒就懂得避免這種討厭的感覺了，盡情享受和飼主一同散步的時光。

40 地上零食、菸蒂，寶貝都愛撿來吃，真擔心！

3步驟，改掉狗兒「亂吃」的習慣！

不少狗兒都有在路上亂撿東西吃的壞習慣，牠們會一口吃下掉在路面上的零食或麵包，而且不只食物，甚至會吃下菸蒂、塑膠袋碎片等東西，非常危險。

我想在這裡先問各位一個問題：狗兒是因為貪吃才亂撿東西來吃嗎？沒有錯，**狗兒的確很貪吃，但任由牠亂撿東西來吃的元凶，卻是飼主**，各位必須先有這樣的概念。

讓牠明白：「不用撿，也吃得到！」

散步時，任何突發狀況都有可能發生。例如：狗兒突然跳到車道，後頭正好有輛車迎面駛過……，相信很多飼主都曾經歷這種驚心動魄的場面，這個道理就和狗兒亂撿東西吃一樣。散步時，飼主必須事先想好可能發生的突發狀況，並適時預防，這也是控制牽繩之所以很重要的原因之一。狗兒亂撿東西吃的毛病，只要5分鐘就能輕鬆搞定！

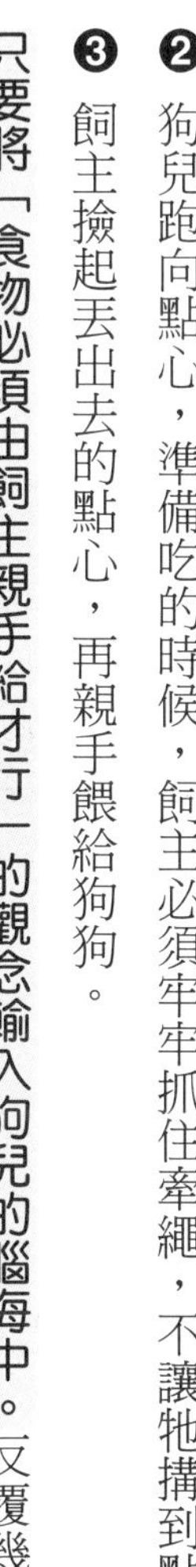

❶ 首先，將狗兒最愛的點心丟出去。

❷ 狗兒跑向點心，準備吃的時候，飼主必須牢牢抓住牽繩，不讓牠搆到點心。

❸ 飼主撿起丟出去的點心，再親手餵給狗狗。

只要將「食物必須由飼主親手給才行」的觀念輸入狗兒的腦海中。反覆幾次之後，狗兒的思考迴路就會開始轉動：「原來如此！就算不去撿掉在路上的東西，主人也會把食物遞上來給我。我懂了！」

狗兒的學習能力很強的！試試看，只要五分鐘，就能清楚感受到狗兒的行為變化。

41 死命抵抗不出門？我家狗兒變「宅宅犬」？飼料分兩半，出門、回家各餵一次！

想帶愛犬出門散步，牠卻趴在地板上動也不動，不然就是好不容易走出門了，走到一半卻又不肯前進。走在路上，你是否也常常看到這樣的飼主：用力拉著牽繩，一面對狗兒說：「好了，快走！喂，動一動啊！」狗兒還是趴在地上不肯動……。

狗兒若不照飼主的意思行動，明顯地不服從，就是進入「叛逆期」了！**這時就算勉強拉扯牽繩，用蠻力與牠對抗，只會加深彼此的對立關係。**

「戶外餵食法」讓狗兒愛上出門散步

碰上這樣的問題，不妨試試「戶外餵食法」。這個方法一如字面所示，不在家中餵食，等出門散步時才給愛犬飼料。出門散步時要帶著一半份量的狗食，如果狗兒不肯動，給牠飼料，牠就會跟上來。散步途中，如果牠不願意再繼續走了，也可以給牠一些飼料。這樣反覆幾次後，狗兒趴在地上不肯動的情況，就不會再發生了！

每次餵食份量必須適中，等到一半份量的飼料通通餵完後再回家。**到家後再給狗兒另一半剩下的飼料，這麼一來，狗兒對於出門散步的印象就會改觀。**

「和主人出門散步就能得到食物。乖乖跟著主人走路也不壞嘛！我開始期待出門了！」讓狗兒的腦袋充滿這樣的想法，回到家後，又能吃到另外一半的食物。

此外，還有另一個問題是狗兒死命抵抗，不肯進家門。如果用前面提到的方式，回家再餵另一半的飼料，狗兒就會覺得回家也有「好康」在等著，問題自然解決。有散步相關煩惱的飼主請務必試試看。

42 狗狗不敢出門散步，該如何突破牠的心防？

小狗多帶出門練膽量，不用怕生病！

不少飼主都為了狗狗不想去散步而煩惱不已。主要原因可以分為兩種：**一種是狗兒剛出生，四個月大以前的狗兒多數不敢走出戶外。**此時牠們必須接種各種疫苗，因此醫生多半會交代四個月大以前盡量不要隨便外出，為了愛犬的健康，這點務必嚴格遵守。

就算用抱著或放在包包裡，也要多帶狗狗出門！

一到三個月大的幼犬正值適應社會的重要時期，這時候的狗兒對外在環境的適應力極強，讓牠接觸外界非常重要，如果沒有這麼做，狗兒就容易因此害怕出門散步。

另一種則是愛犬不服從飼主。「哼！我才不想跟隨你，不想聽你的命令！」這樣的想法造成狗兒不想去散步的態度。當然，也有許多例子是兩種原因兼具的。

為了讓狗兒適應社會，飼主必須帶牠出門。**幼犬的話，可以放在外出箱裡，積極帶往住家附近或公園等地方，或是直接抱著狗兒出門也無妨。**

如果面對的是不服從的狗兒，最好的辦法就是拜託「狗友」幫忙。請因為狗而認識的鄰居或朋友幫忙演戲，把自己的愛犬交給對方，自己則牽著朋友的愛犬散步。

當狗兒看到主人牽著其他狗散步的樣子，牠會這麼想：「咦？媽媽（爸爸）帶著其他狗。好厲害！原來他是首領！」

認同飼主是首領後，不服從的舉動就會從此消失。因為狗兒的DNA中，早已植入必須服從首領的基因，所以從今以後，無論什麼時候出門散步，牠都會乖乖跟著你走。

43

怎麼讓亢奮狗學會「淡定」下來？

無視狗狗，直到「安靜下來」才出門

如果從狗兒天生的習性思考的話，散步就等同於「狩獵」，是必須離開地盤，成群結隊的行動，以捕捉獵物的行為。當然，作為家庭成員之一飼養長大的狗兒，幾乎都在家裡吃飯，根本沒必要狩獵。對狗兒來說，散步只是愉快地出門，但牠們的血流裡卻完全繼承了祖先「狼」的習性，所以飼主只要一拿牽繩，狗兒就會進入亢奮的狀態。

利用導繩，冷卻散步前的亢奮情緒

「來吧，來吧！打獵去囉！快點替我裝上牽繩。」狗兒只要一離開地盤，尾巴就會拚命揮舞，興奮莫名。「你的尾巴搖得這麼厲害，叫我怎麼裝牽繩呢？喂，冷靜一點啊！」幾乎所有人都曾經對愛犬這麼說吧！**然而，這麼做反而會帶來反效果，因為狗兒會誤以為你在鼓勵牠。**如果散步前都是這個樣子，那麼一出家門，狗兒就會拉著牽繩，走在飼主前方。各位是不是也遇過相同情況呢？

狗兒知道飼主拿著牽繩，就是準備要去散步了。這時的牠也許很興奮，但你必須無

視牠，繼續拿著牽繩。

「怎麼搞的？不是要去散步嗎？為什麼啊？明明拿著牽繩啊……」期待落空的狗兒逐漸會冷靜下來。這個時候，如果飼主一出聲，狗兒又會變得興奮，所以千萬不要說話，等到確定牠冷靜下來後，才說出口令：「坐下！」替狗兒綁上牽繩。

同樣的動作反覆幾次，狗兒就會開始思考：「只要乖乖坐著，主人就會帶我去散步啊！原來如此。」只要在狗兒腦海中輸入這個印象，散步前太亢奮的問題就解決了。

44 咬繩、甩頭不是在玩，是「優越感」作祟！「一鼓作氣」拉高繩子，矯正自大狗

有些狗在散步時，習慣邊走邊咬牽繩或拚命甩頭，這個模樣或許會讓許多飼主大呼可愛，但事實上這個舉動隱含著優越、支配。也就是說，這個行為代表：「我一點也不想讓你拉著我出門散步，快放開！」

聽到這個答案，許多飼主或許會很驚訝吧！狗兒看起來似乎玩得很開心，但如果你把這個舉動當成和玩玩具一樣，以為這是狗兒自幼就有的舉動，那可就大錯特錯了！

「別猶豫，默不作聲」是成功關鍵

玩具和牽繩是完全不一樣的東西，牽繩能區分出支配者（飼主）與被支配者（愛犬），因此決不能讓愛犬喜歡上代表「支配」的牽繩。允許狗兒「咬著牽繩甩頭」，只會讓狗兒越來越自大，漸漸以為自己是首領。

要矯正這個壞習慣，飼主必須從正上方拉扯牽繩。**要點在於「一鼓作氣」地拉高。**

許多飼主太過猶豫該不該一鼓作氣，而導致失敗。然而唯有這麼做，狗兒才會因為脖子不舒服而鬆開緊咬的牽繩。

這時愛犬會完全表現出「權力本能」，所以飼主必須保持默不作聲，佯裝不知情就是這個方法成功的關鍵。

另外，**還有一個妙方能成功讓狗兒放開牽繩，就是用牽繩在牠鼻尖上繞一圈。**然而這個方法有些限制，如果狗兒很亢奮，還是建議以上述方法，從正上方一鼓作氣地直接拉扯牽繩。

45 使用「項圈」，管教狗兒更輕鬆！

用「胸背帶」會養出霸道犬？

觀察在路上散步的狗兒們，我發現戴著「胸背帶」多半是小型犬。到底該選擇項圈，還是胸背帶？幾經思考後，飼主最後選擇了胸背帶，肯定是基於以下幾個理由吧！

「小型犬的脖子較細，用項圈好像會勒住喉嚨。」

「我家養的是巴哥犬，脖子很短……」

停用「胸背帶」，讓狗兒更舒適

如果以為用項圈「很可憐」，各位就大錯特錯了。胸背帶反而才是養出「霸道惡犬」的罪魁禍首。其中的原理，只要看過雪撬犬工作的樣子，就能一目了然。雪撬犬身上會裝著軛具，利用繩子控制前進。因為對於拉繩子的動作產生抗拒，所以狗兒會往前進，「一被拉住就要往前進」這就是胸背帶的原理。小型犬很少會感受到那麼強大的力量，但如果你覺得「我家的狗兒在拉扯」，就表示這個原理起了作用。

「可是換上項圈的話，牠會想吐……」曾經有飼主這樣告訴我。不過，如果沒有健康方面的疑慮，項圈就不太可能造成狗兒的痛苦。**因為母犬本來就會咬幼犬的脖子，控制脖子的原理可說是來自狗兒的天性**。另外，各位也別忘了「狗兒很聰明」這一點。牠知道只要想吐，飼主就會替自己換上方便拉扯的胸背帶。

「你看起來很難受的樣子，要不要緊？」

牠們也知道這麼做能夠換來飼主的慰問與注目。所以，把胸背帶換成項圈吧！只要這麼做，狗兒就會變得容易管教喔！

46

皮繩和鎖鏈，哪種牽繩最好？

項圈鬆緊度適中，才能確實感受指令

不讓愛犬像雪橇犬一樣帶著胸背帶散步，其實還有一個原因。如果胸背帶不夠牢固，很容易從狗兒身上脫落，而造成危險。這時也別忘了狗兒很聰明這一點。

「前陣子，我一拉扯胸背帶就整個掉下來了。這次也試著脫下來看看吧！」

雖然改用項圈比較不容易發生上述情況，但如果飼主覺得勒著脖子很可憐而綁得太鬆，拉扯之下還是很可能脫落。曾經擺脫項圈的狗，只要發現項圈還是和過去一樣鬆，就會瞧不起飼主，認為飼主「很兩光」。其中原因我想各位應該明白了吧！**控制牽繩代表了飼主首領的地位，項圈如果綁得太鬆，就無法傳遞牽繩的訊號。**

狗項圈挑選2重點：「無時間差」、「無聲音」

「這種程度的制止，我什麼都沒感覺到耶！真是不痛不癢。首領果然還是我！」

項圈的鬆緊度約為一根手指左右，才能讓狗兒確實感受到制止的拉扯動作。另外，

選擇項圈也有幾項重點：必須選擇沒有「時間差」與「聲音」的款式。

鎖鏈項圈（Choke type）雖然有不易脫落的優點，但是飼主拉扯的動作傳達到狗兒身上，多少會有時間落差。除此之外，鎖鏈在拉扯時也會發出聲音，尤其是細鎖鏈型的項圈，更容易扯掉狗毛。

多數小型犬都會使用皮帶式或兩截式的項圈，為愛犬繫上項圈時，以一根手指的鬆緊度為佳，另外牽繩上的五金，如果會發出具提示作用的鏗鏗聲，也最好拆掉。

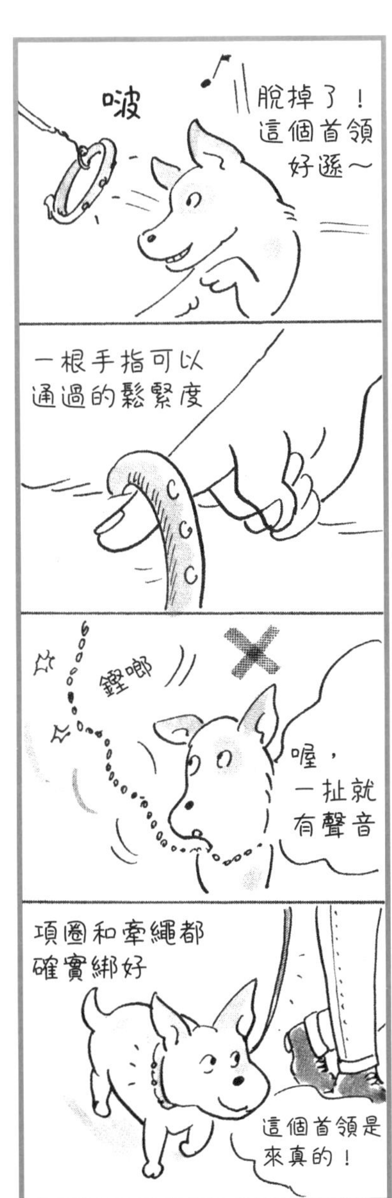

47 前3個月是教養黃金期，請多帶出門

狗兒愛追逐，是本能驅使？

「追逐會動的東西」是狗兒的天性，所以散步途中如果有自行車從旁邊經過，狗兒就會毫不猶豫的追上去。「狩獵」二字深深烙印在狗兒的DNA中，讓牠們不由得想：「我得追上去抓住才行！」

這種行為當然不該被允許。突然暴衝可能會遭遇許多危險，甚至會被後方開過來的汽車撞上。傑克羅素梗犬尤其具有攻擊「移動物品」的天性，腳力據說與馬匹的速度不相上下，所以如果牠準備追上去，飼主可就要小心了，必須確實將牽繩抓牢。

運動能力卓越的邊境牧羊犬也是容易拉著牽繩跑的犬種，因為動作敏捷，通常做為牧羊犬使用，牠們輕快追著飛盤奔跑的英姿，最為眾人所知。其他像是愛爾蘭雪達犬、英國波音達獵犬等犬種的工作則是追捕鳥類。因此散步途中如果看到鳥兒飛起，牠們很有可能會「咻」地一聲衝出去。

從幼犬教育，預防狗狗「暴衝危險行為」

不少飼主開始養狗時，不清楚各種犬種的特性，結果往往應付不來，導致人狗雙方不得不過著充滿壓力的生活。

為了減少狗兒的追逐天性，幼犬時期（出生約1～3個月，是狗兒社會化的黃金時期）的管教相當重要。這個時期必須盡量帶狗兒出門，讓牠與各種人、動物碰面，接受各種感官的刺激。社交打扮或定期前往動物醫院，也是非常重要的體驗喔！

48

為什麼越叫跑越遠？主人要立刻進行「3大管教法」

狗狗「叫不來」，是主從關係逆轉警訊

最常聽到的煩惱就是——狗狗怎麼叫都叫不來。飼主明明不斷對著在一段距離之外的狗兒喊著「過來」，狗兒卻一臉毫不知情的樣子，更沒打算靠過來。或是叫了牠的名字想要抓住牠，最後卻演變成追著狗滿場跑的劇碼。

狗兒的耳朵靈敏，牠們當然聽見了飼主的叫聲，只是不打算聽從而已。「我比較偉大，憑什麼叫我？我當然不會過去啊！」這就是主從關係完全逆轉的警訊。只要不重新調整這個關係，狗兒就不會乖乖聽從飼主的命令。

主人把持「不叫、不看」，狗兒就會慢慢變聽話！

這個時候，就讓我們回到一開始，用「3大管教法」，也就是「從身後抱住並轉動口鼻、首領出巡、觸摸」重新訓練牠吧！每天只要花5分鐘的時間，持續進行就行了。

另外，**請務必遵守「不叫」、「不看」兩大原則。**

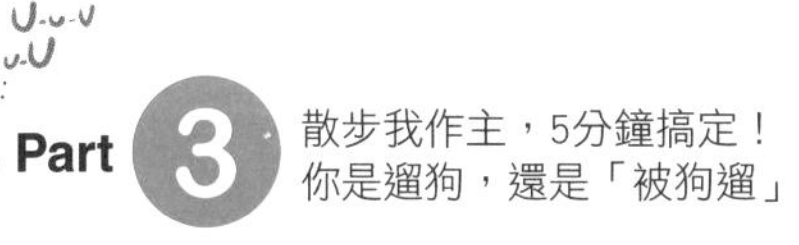

請各位回顧目前為止和愛犬的相處模式，在進行任何動作時，你是否總會加上這幾句話呢？「○○（狗名字）好乖喔！」、「好，吃飯囉！」、「我們去散步吧？」

你或許認為這種溝通方式能和狗兒建立良好的關係，但事實上背後卻是陷阱重重。

「注視對方並說話」這個舉動在狗的世界中，是地位低者，對地位高者的行為。

因此，在牠們看來這只是服從的表現。要成為狗兒可以依賴的首領，就要貫徹不正眼看牠、不出聲叫喚牠的原則，再搭配3大管教法，重新設定彼此的主從關係，就能輕鬆教會狗兒「等一下、過來」等口令。

49 狗兒不亂吠，主人必須「先保持沉默」

狗仗人勢？我家狗狗一吠就停不下來！

你家愛犬是否會在散步途中對其牠狗兒低吼？這是自以為是首領的狗兒才有的行為，表示首領在威嚇其他團體，因此絕對不可以讓牠這麼做。年紀小的孩子，最容易被當作威嚇的對象，因為狗兒知道，小孩是最弱勢的一群。就算小孩一邊說著「好可愛」，一邊毫無防備的靠近，你也必須在愛犬對他低吼前及時制止。

越膽小的狗，越喜歡亂吠？

生活環境會對狗兒造成相當大的影響，**假如你的生活周遭，除了鄰居、熟人以外，還有許多來來去去的陌生人，狗兒就會變得十分緊繃。**愛犬以為靠過來的是認識的人，湊近一看卻發現不是，馬上變得膽小或提高權力本能，發出陣陣低吼。

「我想帶牠出門散步，但是散步途中會遇見一隻大型犬，他總會不安地吠叫個不停，真傷腦筋！」遇到這種情況，輕鬆地散步反而會因為狗兒想扮演好首領的角色而徒增壓力，所以最好還是使用「首領出巡」。只要稍微將散步路線改得遠一點，愛犬也會更放心。這裡最重要的就是「不要對愛犬說任何一句話」。

「噓！安靜，不可以亂叫喔！」

斥責雖然看在飼主眼裡是正當行為，但對於狗兒來說卻恰恰相反，牠會誤以為是「再叫幾聲沒關係」的提示。只要保持沉默，做好「首領出巡」，偶爾搭配「走走停停散步法」，狗兒就會漸漸不再隨便對路人示威了。

50

我家狗兒愛跟孩子爭寵，怎麼辦？

「誰地位最低？」狗狗的答案往往是小孩

狗兒會隨時隨地注意自己的「地位」。**牠們會時時想著：「誰是家裡地位最低的？」而牠們的答案往往是小孩。**

「這傢伙是陪我玩的對象吧！喂喂，你手上拿著什麼？是點心嗎？我也要吃！」

我曾經拜訪過一戶人家，他們因為愛犬時常搶走小孩的點心和玩具，而求助於電視節目。那戶人家的小孩是個一歲半的男孩。早在他出生前，狗兒就已經是家裡的一分子了。因此狗兒擅自在心中這樣排序：「是我先來的，所以家裡地位最低的應該是你！」

「重新分配位置」，愛犬不再爭老大！

在了解狀況後，我採取的解決方式是「全家人一起移動」。母親和坐在嬰兒推車裡的小孩走在最前頭，父親和狗兒則跟在後面。率領團體前進的人就是「首領」，所以這個時候，狗兒也會想走在前面。

「喂，小鬼！那裡不是你該待的位置！」

當愛犬不斷拉扯牽繩，想要衝向前頭時，父親必須牢牢拉緊牽繩。走到公園的大型階梯，準備休息時，**母親和小孩必須站在階梯的上層，父親和狗兒則待在下層。**

這會讓狗兒思考：「什麼？原來我的地位比那個小鬼還低啊！唉，那就這樣吧！」

從此以後，狗兒就再也不會搶奪小孩的玩具或點心了！雙方的地位能瞬間成功逆轉，主要歸因於狗兒的本能。只要首領能夠提供安全的地位，狗兒就會願意跟隨。

51 向左？向右？主人夾在中間左右為難！

一次帶一隻出門，分別重建主從關係

散步時經常可見飼主被兩隻狗分別往不同方向拉扯的景象。雖然分別用兩條牽繩綁著狗兒，兩隻狗卻擅自決定「我要往這邊！」、「我要走這邊啦！」於是場面落得無法收拾也就算了，飼主也陷入左右為難的窘境。

這時就算狗兒彼此間的地位高低相當明確，但只要與飼主間的主從關係逆轉了，就會落入這種情況。而且，飼主容易有這種想法：「狗兒平常待在狹窄的家裡，好可憐！至少出門之後，讓牠們稍微自由活動吧！」**就此放任狗兒到處聞氣味，或是停下來做記號。這種情況根本不是帶愛犬出門散步，而是飼主成為愛犬的隨從了！**

5分鐘散步原則，狗狗不再拖著主人跑！

散步的原則就是隨時由飼主主導全局，因此快速重新建立主從關係非常重要。那麼，該怎麼做呢？沒錯！就是「首領出巡」。利用首領出巡，只要不到5分鐘的時間，就能改正原本逆轉的主從關係。但重點是「一次只能帶一隻狗兒出門」。

將一隻狗兒留在家裡（關在狗屋或籠子裡），接著帶另一隻狗兒在住家四處進行首領出巡。確認牠會跟著走之後，再換留在家中的那隻狗進行首領出巡。

透過「首領出巡」分別與每隻狗建立正確的主從關係後，即使同時帶著兩隻狗外出散步，牠們也不會擅自亂跑了！因為牠們各自認同飼主就是首領。無論同時養幾隻狗兒，方法都不會改變。只要狗兒都一致認定「我要跟著首領走」，就不會發生混亂。

52

狗狗個性大不同，怎麼一起散步？

「前輩犬」優先，狗兒才能和平共處

不同犬種的狗兒，有不同的脾氣和個性，這當然也會受到個體差異的影響。同時飼養多隻狗兒時，飼主往往會因為狗兒間個性的差異而煩惱不已。

事實上，我就曾經遇過這種情況。已經飼養了一隻巴哥犬的某戶人家，多養了一隻吉娃娃。巴哥犬非常討厭戴著項圈散步，不過，晚來的吉娃娃並不討厭項圈和牽繩。

套項圈有順序，狗狗結伴散步哥倆好！

因此，飼主把巴哥犬留在家裡，先帶比較乖巧的吉娃娃出門散步。但是吉娃娃散步回來後，飼主好不容易替巴哥犬戴上項圈，準備出門散步時，牠卻不斷咬著牽繩亂甩反抗。這個時候，飼主該怎麼辦呢？

從「地位高低」這點來看，最好讓巴哥犬優先散步，不過也有辦法能讓牠們一起出門散步。項圈的問題可以利用「套圈圈遊戲」輕鬆解決。但是咬著牽繩亂甩的問題如果不解決，就沒辦法讓兩隻狗和平共處，一起出門散步。

狗兒咬住牽繩時，飼主就從正上方扯扯。這時，務必確實拉緊，利用手腕的力量「一口氣往上拉」是成功的關鍵，只要毫不猶豫地往上一扯，能夠讓狗兒瞬間鬆口。

狗兒當然不曉得發生什麼事，牠只會記得那股不舒服的感覺。「剛剛不曉得發生什麼事，但總覺得好討厭啊！」讓狗兒產生這種想法非常重要。

如此一來問題就解決了，接著帶著狗兒們出門散步吧！讓狗兒彼此決定地位高低也很重要。先替前輩巴哥犬戴上項圈和牽繩，接著才是吉娃娃，各位務必記住這個順序。

我家狗兒真聰明！
5分鐘學會上廁所，乖巧看家，
不再惡作劇！

Part 4

53 訂出「起居空間」，馬上學會定點尿尿

就是教不會？我家有隻愛隨地大小便的壞狗兒！

「啊！又給我亂大小便了！廁所明明就在這邊啊！真傷腦筋。」

似乎有不少人都像這樣，總是感嘆愛犬記不住廁所的位置，甚至看到狗兒在廁所之外的地方大小便時，就立刻出聲怒吼。為什麼狗兒遲遲記不住廁所的正確位置呢？我認為原因出在「飼主沒有以狗兒能理解的方式，告訴他廁所在哪裡」。

做對了就積極稱讚，狗狗學不會也難！

管理狗兒的活動範圍，比告訴狗兒：「廁所在這裡！」更有效。你是否將愛犬放養在室內？你也許不知道，這也是牠遲遲學不會定點上廁所的原因之一喔！能隨意在室內到處走動，任何時候產生尿意都不奇怪。

「啊，我想尿尿！（聞地板）就在這邊尿吧！」如此一來，無論多久狗兒都學不會在固定位置上廁所。

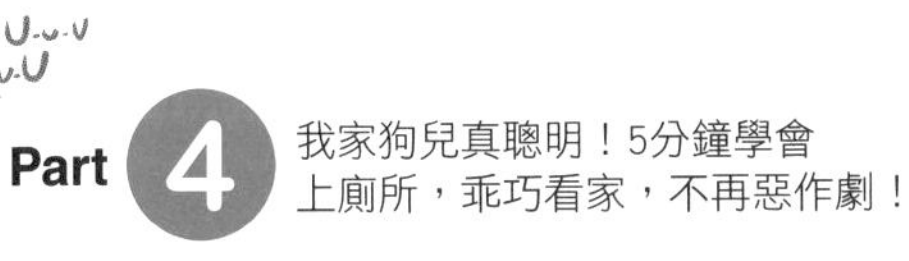

我希望飼主先訂出愛犬的活動範圍，也就是狗屋。**首先讓狗兒進入狗屋，離開狗屋時，就立刻帶往廁所（可以以柵欄圍一個區塊，做為廁所）**。一開始，廁所的柵欄可以稍微鋪寬一點，狗兒離開狗屋，往這邊移動後，會在廁所的位置稍微繞圈，這個舉動自然能引起排泄作用。

只要狗兒一在柵欄內大小便，就立刻稱讚：「做得好，好乖！」不用表現得太誇張也沒關係。平常一小便就會被罵，所以這個時候的稱讚非常有效。狗兒從狗屋走到柵欄時也要給予稱讚，如此一來，原來怎麼也學不會的狗兒，就會因此大變身囉！

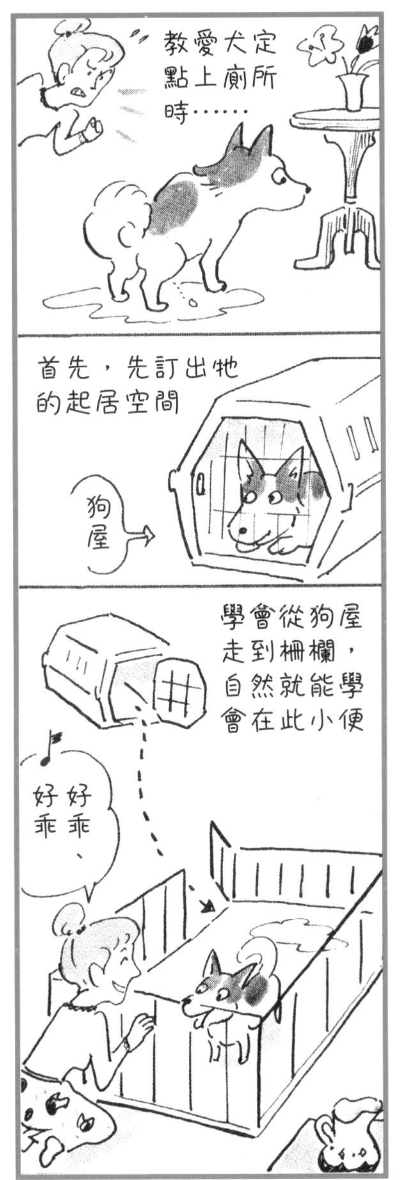

54 又兇又罵，狗兒還是亂尿尿，難道只能默默收拾？

掌握3大時機，狗狗聰明學會上廁所

上廁所必須統一管理，這是培養狗兒定點上廁所的必要條件。訓練過程中，絕對不可以大聲打罵。**狗兒被罵幾次後，可能會誤以為你「不准牠小便」，而非「不可以在這裡小便」**。如此一來，牠就會忍住不在室內上廁所，等到外出散步才頻頻抬腿解放。

起床、飯後、遊戲後，3大如廁時機完全掌握

前面已經提過，做記號的舉動會培養出不服從飼主的壞狗兒。此外，飼主也會因此變得沮喪，只能低頭默默收拾，無法責備愛犬。回歸正題，我們要讓狗兒學會離開狗屋後去柵欄，這是訓練上廁所的基礎。

如果狗兒懂得一早起來就進入柵欄，那就不用擔心如廁的問題，因為牠們和人類一樣，早起第一件事就是上廁所。

你可知道，狗兒也有上廁所的「時機」？**「早晨」就是最好的如廁時機，「睡過午**

覺後」也是。醒來後讓狗兒前往柵欄，牠就會自然排尿。

「與飼主充份玩耍後」也是絕佳時機。狗兒可能因為熱衷玩耍而忘了大小便，這時你必須對牠說：「好！遊戲時間結束了。」並讓狗兒前往廁所，等待排泄時間的到來。

當狗兒開始侷促不安、拚命聞地板的味道時，就是想上廁所的訊號。牠為了找到上廁所的地方而開始焦慮，飼主別忽略這一點，盡快帶狗兒進入柵欄內吧！

「最近好像能在乾淨的地方安心上廁所了。只要記得想上廁所就去那兒，這樣就可以了吧？」柵欄的門要永遠保持開放，等到狗兒能夠自行進入使用，問題就解決了！

55 習慣隨地大小便的狗，要怎麼改？尿布墊越髒越臭，狗狗越快學乖！

「和幼犬不同，教成犬上廁所難如登天！」我也曾經聽過這種說法，不過各位不要擔心。狗兒擁有絕佳的「思考能力」，對於飼主的要求，牠會思考：「為什麼？」至於如何讓狗兒找到「為什麼」背後的答案，就端看飼主的「管理能力」了。

早上從狗屋走到柵欄裡上廁所的路程，請飼主帶著愛犬進行。接著要關上柵欄的門，讓牠記住自己必須暫時待在「那裡」。想排尿的慾望這時候應該會逐漸增強，所以愛犬並不會計較「門被關著」這件事。

「尿布墊作戰」教懂狗兒去真正的廁所

白天可以讓柵欄的門自由敞開，製造狗兒想去上廁所，就隨時可以「自己去」的情境，但如果狗兒已經習慣隨地大小便，那麼即使牠明白柵欄內才是廁所，也會覺得：「算了啦！我在這裡隨地解決就好。」遇到這種情況，就必須使用以下這種方式。

在柵欄外側暫時鋪設「大範圍尿布墊」。因為飼主不可能每次都帶狗兒進柵欄上廁所，所以可以暫時使用這個方式對應。還學不會定點小便的狗兒，一定會在柵欄之外的地方小便。**重點是故意不更換那些尿布墊，狗兒因為愛乾淨，會漸漸尋找乾淨的地方小便，如此一來就可以順利引導牠進入柵欄小便。**

看到狗兒走進柵欄，飼主要立刻關上門，這也很重要。牠在柵欄內小便後，更別忘了稱讚：「好乖喔！」只要持續反覆進行這項訓練，愛犬就會在不久後突然理解：「原來那裡就是廁所啊！」

56 餐具和睡床「不能放在一起」！

睡覺、吃飯、大小便，這3件事一定要分開來！

教狗兒上廁所之所以屢屢失敗，就是進行訓練的「環境」出了問題。第一次養狗的人，通常會聽從寵物店的推薦，買下柵欄、睡床（或狗屋）和同樣要放進柵欄裡的廁所。事實上，這套商品就是引發所有問題的關鍵。

「我們在柵欄裡放入睡床和廁所，以為只要待在柵欄裡，狗兒就會乖乖在廁所排泄、在床上睡覺，想不到牠卻沒有排泄，等到打開柵欄放牠出來玩時，牠才到處大小便。柵欄裡明明也放了食物和水啊！這究竟是怎麼回事？」

好多人都曾經向我問過相同的問題。然而從狗兒的習慣來看，出錯的其實是飼主。狗兒的祖先狼並不會弄髒自己的窩，因為牠們很謹慎，不會讓其他動物透過氣味，知道自己的窩。**如果安心睡覺的環境周圍髒了，敵人就會聞到味道前來攻擊。因此，排泄地點遠離自己的巢穴是狗的天性**，並且牠們也不會在自己的巢穴內用餐。

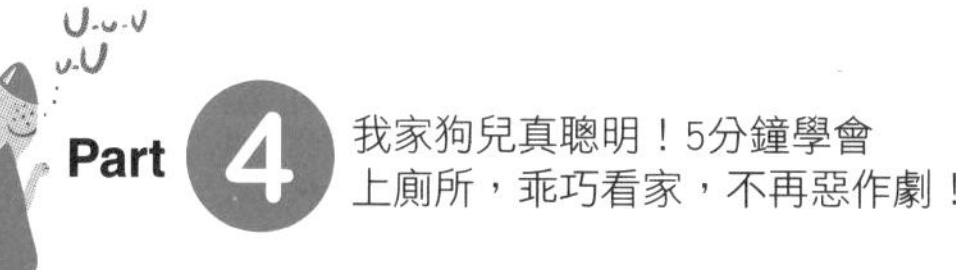

睡床、廁所分開放，吃喝拉撒分頭進行

至於這種狀況該怎麼改善呢？有一個相當有效的方法，只要遵照狗兒的習性，將一切分割開來即可。首先，**讓睡覺和吃飯都在「柵欄以外」的地方進行**。如果狗兒把床當作「狗屋」，那就這樣吧！因為「回家」的口令，能讓狗兒安心待在那裡睡覺，所以把狗屋擺在柵欄外也無妨。用餐和喝水的位置，只要反覆教牠幾次，也就能學會了。

好了！完成搬家後，柵欄內眨眼間就成了舒適的排泄空間。首先，先讓狗兒徹底了解這裡就是「廁所」吧！

57

狗狗獨自在家時，把家裡踩得到處都是大便？

對角線法則，廁所離狗屋越遠越好

每戶人家飼養狗兒的環境各不相同，有些飼養在院子裡，有些則在大樓套房內。一對住在大樓裡的雙薪夫妻，曾經找我談過以下這件事。

「我們夫妻倆都在外工作，只剩狗兒獨自看家，所以我們希望牠看家時能待在狗屋裡，但時間太長又擔心排泄問題。現在牠已經學會自由往來狗屋和柵欄了，但有時候卻會因此踩到大便，真傷腦筋……」這隻問題寶寶必須長時間獨自看家，因此狗屋的門必須打開，這時候，**飼主應該優先考量「狗屋與柵欄的相對位置」**。

離狗屋最遠的地方，就是最舒適的如廁空間

首先，將狗屋安置在家中的角落，盡可能遠離窗戶，擺在安靜的位置。狗兒並不在乎日照或通風，因此必須長時間看家時，「房間角落」是最好的選擇。**而柵欄就擺在對角線上，離狗屋最遠的位置，因為狗兒習慣在「離巢穴最遠」的地方上廁所。**

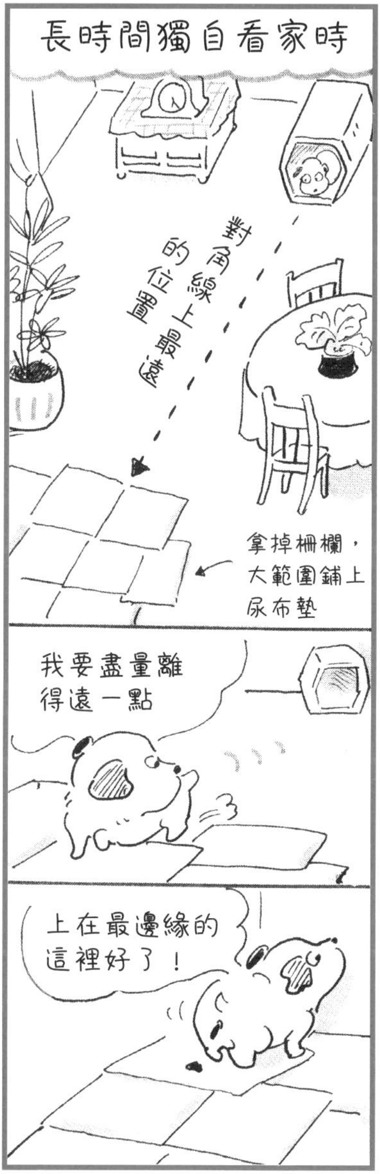

但是，這麼一來問題又來了！在柵欄內排泄多次後，尿布墊當然會弄髒。白天飼主不在，沒辦法一髒就立刻更換，狗兒肯定會這麼想：「廁所好髒，真討厭！」

這時可以進行拿掉柵欄的上廁所訓練。**在狗屋的對角線上鋪上尿布墊，並以此為中心，鋪得範圍比柵欄內更大一些。**狗兒年紀還小，理應到處大小便，不過牠會漸漸地學會，相對於狗屋最遠的位置，就是最舒適的如廁空間。飼主回家後必須確實確認狀況，如果排泄範圍縮小來就逐漸減少尿布墊的數量，直到狗兒學會為止。

長時間獨自看家時

對角線上最遠的位置

拿掉柵欄，大範圍鋪上尿布墊

我要盡量離得遠一點

上在最邊緣的這裡好了！

58 出門散步，順便排泄，只會養出「憋尿狗」？

「定點散步法」，戒除散步撒尿惡習

「我很後悔沒有教會牠上廁所，牠私乎把散步和排泄當成『一套流程』，所以在家都不上廁所……」相信許多飼主都有這種煩惱。一旦狗兒養成外出上廁所的習慣，那麼無論颳風下雨，飼主都必須帶牠出門散步，早晚各一次，相當辛苦。

「快點！我快尿出來！膀胱快爆了！不快點帶我去散步的話……」

這時不妨試試「小便記號」和「近處定點散步法」。**「小便記號」得借用狗友們家中愛犬的尿液。準備一兩塊沾有尿味的尿布墊，擺在預設好的廁所區域。**

「這個味道不就是平常散步時，飄來的那股味道嗎？嘿！看我怎麼蓋過你！」

解決「只有散步才上廁所」的兩大妙招

接著是「近處定點散步法」。一如往常替愛犬繫上牽繩，如果家裡有院子，就在院子進行一會兒「首領出巡」。通常用完餐時排泄的需求量最高，所以可以選擇在餐後，誘導狗兒在院子裡排便。如果牠不排便，**可以稍微離開住宅一段距離，停在大小便不會影響他人的地方，接著擺出不知情的表情，停在原地，不再繼續往前走。**

狗兒因為已經在院子內運動過，所以雖然沒有離家太遠，也會漸漸開始有「便意」。等牠排泄完畢就直接回家，如此一來，就能逐漸縮短住家與排泄地點之間的距離。原先以為散步與排泄是「一套流程」的狗兒雖然不見得很快就能改變想法，但各位飼主不妨試試看吧！

59 見到客人一興奮就噴尿，主人好尷尬，怎麼改善？

狗狗噴尿不要罵，花5分鐘讓牠冷靜

只要飼主一回到家，狗兒就興奮得邊搖尾巴邊噴尿。客人來訪，或散步遇到朋友的狗也是。這種時候，就和狗兒無法學會定點如廁一樣，無論飼主怎麼大喊：「哇！你又興奮噴尿了？」或是嚴聲斥責都無效。**而且飼主反應越大，狗兒就越興奮，最後反而讓興奮噴尿變成習慣。**

狗狗噴尿千萬不要出聲指責，默默收拾就好

另外，如果愛犬見到飼主時興奮噴尿，飼主表示：「見到我這麼開心啊？真拿你沒辦法呀！」見到客人時興奮噴尿，飼主卻改口大罵：「搞什麼！不可以對客人這樣！」出現諸如此類不同的反應時，情況又會如何呢？

「平常都說我做得很好，這次怎麼搞的？」這時，狗兒會產生混亂。

「興奮噴尿」是剛出生時，母犬舔舐幼犬屁股，協助排泄的記憶遺物，大多數的狗

兒會隨著長大而遺忘這段記憶，但有些狗兒則因此養成習慣，必須盡早矯正才行。

話說回來，該如何矯正呢？**方法就是即使愛犬興奮得噴尿，也必須徹底無視，不要斥責牠，只要不發一語的收拾就可以了。**

為了避免狗兒迎接飼主回家時太過興奮，可以改變讓狗兒看家的方式，不要放養，選擇關在狗屋裡。這麼一來，即使愛犬注意到飼主回來了，也因為待在狗屋裡，不會興奮地噴尿迎接。給牠5分鐘時間冷靜下來後，再放離狗屋，就無須擔心養成興奮噴尿的習慣了！

60

「天啊！你怎麼在吃大便！」為什麼狗改不了吃屎？

立刻清理，就能改掉「吃糞」惡習

「你在做什麼？不可以吃大便！不可以！」

看到愛犬正在吃自己的排泄物時，我相信每個飼主都會嚇一跳，大聲喊叫制止愛犬的行為。

的確，這種行為在人類眼中看來確實「異常」，不過狗兒吃大便其實並不罕見。幼犬剛出生不滿兩週，眼睛還未睜開，也站不起來，這段期間母犬會負責舔舐幼犬的鼠蹊部，刺激牠排尿、排便。

前面說過，「巢穴」不可以留下排泄物的味道，因此會由母犬清理乾淨，這是狗兒的習性。**所以對牠們來說，吃大便的行為是存在於DNA上的天性。**

好了，接下來才是問題。狗兒以為飼主的大聲斥責是「聲援」。

「咦？沒想到吃大便會受到注目！看來我得多吃幾次。」

默不作聲地收拾，讓狗兒自討沒趣！

一旦狗兒建立這種思考迴路，就可能為了再次受到注目而進行同樣的行為。為了避免再度發生，飼主必須徹底進行排泄管理，在愛犬上完廁所後就立刻清理乾淨。吃完飯後特別容易排便，飼主要確實注意。

「最近只要一大便就會馬上被清理掉，為什麼呢？我不能再用那種方式引起主人注意了嗎？」沒錯！**清理太慢才會讓狗有時間吃大便。只要一大便，飼主就安靜收拾。少了「聲援」，問題馬上就解決了！**

母狗會吃掉幼犬的大便善後

偶而有些
狗兒會這樣

主人在替我
加油耶！

馬上清理

咦？馬上就被清理
掉了！我根本來不
及吃……

61 怎麼訓練「愛哭、愛跟路」的黏膩狗看家？

出門前別和牠說話，分離焦慮症拜拜

「我家狗兒不會自己看家。」觀察會這麼說的飼主，我發現他們在留下狗兒出門前，一定會做這樣的舉動：「對不起喔！我等等要出門了。你可以自己看家吧？我回來之前你要乖乖的喔！走囉！拜拜。」

其實，**這種分別前的「儀式」就是狗兒學不會看家的原因之一**。

「我接下來得自己孤單地待著嗎？」

培養「看家高手」，出門前5分鐘是關鍵

狗兒是團體行動的動物，不喜歡獨處。因此飼主的行為就等於在告訴牠：「你等一下就得孤單一人了，會很寂寞喔！」被迫面對寂寞的狗兒會做出什麼反應呢？牠們會變得沮喪、吠叫，或不斷惡作劇，這些都是分離焦慮所引起的問題。

該怎麼避免呢？出門前不要跟狗兒說話，這是最高原則。最重要的是提前教會愛

犬，老實地待在狗屋裡。狗兒只要待在狗屋這個私有空間哩，就會感到放心，如果沒有進狗屋的習慣，過分強調「分離」的行為，只會給狗兒帶來不安和壓力。

狗兒只要看到飼主準備出門，就會以為自己也能跟著出門而雀躍不已，因此飼主必須盡量降低這股「雀躍」。換好衣服、做好出門準備後，依然暫時待在家裡一段時間，直到狗兒不再雀躍前，都不和牠說話，也盡量避免視線交會。

等到愛犬完全冷靜下來，在泰然自若地快速出門。直到狗兒能了解飼主「即使出門，也會盡快回來」之前，先讓牠習慣出門前的5分鐘吧！

62 減少情緒起伏，一個人在家也不怕

誇張的「重逢」會增加狗狗心理壓力！

「我回來了！你有乖嗎？這麼開心啊！」

飼主一回到家，就緊緊抱著搖著尾巴迎面而來的愛犬磨蹭臉頰，這種重逢的喜悅雖然看似美好，但我還是得建議各位，最好停止這種過度溺愛的「重逢儀式」。

你或許會認為：「為什麼？狗兒看來也很開心啊！哪裡有問題嗎？」但是停止這麼做，其實是為了愛犬的幸福著想。狗兒從原本孤單獨處的狀態，因為飼主回來而一口氣達到喜悅的頂點，當飼主抱緊狗兒，越是跟牠說話，狗兒越是顯得興奮。

狗狗情緒高低不定，容易引發壓力病症

「你好慢啊！哇，好開心！我很乖喔！」

這種高低起伏的精神狀態，如果成為常態，狗兒的心靈就無法安定下來。不安定的

精神狀態會帶給牠莫大的壓力，最後因為無法習慣獨自看家，而引發其他症狀。

所以，**就算愛犬無比雀躍地迎接你回來，也必須無視牠一會兒。等到牠冷靜下來後，再與牠視線交會或出聲喊牠。**如此一來，狗兒就會開始思考原因：「咦？我這麼開心，主人怎麼卻一臉不知情的樣子？」、「總覺得好沒勁啊！算了！」

反覆幾次之後，狗兒就會平靜地送你出門或迎接你回來，狗的精神狀態也會逐漸變得穩定。只要飼主每次回到家都能避免愛犬過度興奮，牠就不再害怕獨自看家了。

63 獨自看家就亂咬、亂搞怪，怎麼辦？

待在狗屋好安心！待上半天也沒問題

「今天要乖乖看家喔！」對狗兒這麼說完出門後，一回到家卻發現屋裡一團亂。這個舉動雖然是肇因於飼主出門，狗而對於被獨自留下來感到不安，但還是必須讓狗兒習慣獨自看家。

飼主無論外出或回家，都要無視愛犬一陣子，不與牠正面接觸。持續訓練後，狗兒就不再感到不安，也不會再做出讓人困擾的舉動了。

「狗屋」讓狗狗好安心，輕鬆養成獨立自主的好狗兒

最速效的方法是外出時，讓狗兒待在狗屋裡。狗兒獨自在家時，會時時擔心有外人進入，也會在意四周噪音，造成牠不安的因素實在太多了。

但是，**只要待在狗屋裡，四周圍繞起來，狗兒就會感到安心，不再擔心外人入侵。心情一平靜，自然就不會做出讓人頭痛的舉動了！**

這時你也許會問：「待在狗屋的時間那麼長，吃飯、上廁所該怎麼解決？」不用擔心，狗兒在狗屋裡待上七八個小時也沒有問題。請想想晚上你在睡覺時，愛犬是否也酣然入夢呢？這種時間狗狗會去上廁所或吃飯嗎？所以與人類睡眠長度相仿的時間，基本上狗兒都能忍耐。

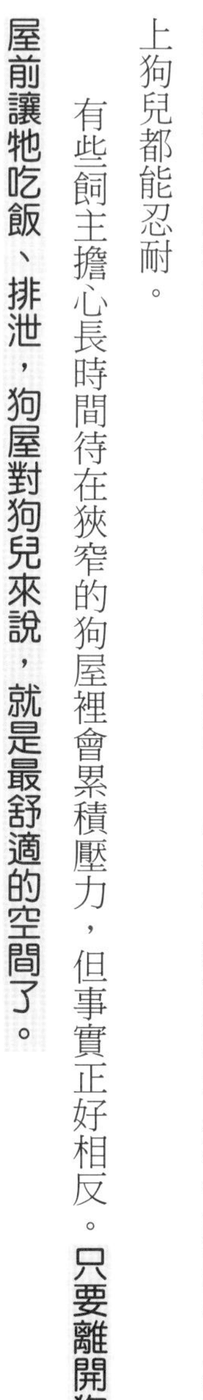

有些飼主擔心長時間待在狹窄的狗屋裡會累積壓力，但事實正好相反。**只要離開狗屋前讓牠吃飯、排泄，狗屋對狗兒來說，就是最舒適的空間了。**

64 尿布墊分屍！我家狗兒老愛惡作劇！

給寶貝專屬玩具，不再擔心「破壞王」

才剛換上全新的尿布墊，一回到家卻發現頑皮的狗兒竟然惡作劇，把尿布墊咬得破破爛爛。「啊，你居然做這種事！」飼主也忍不住嘆息。**狗兒趁飼主不在時惡作劇，代表牠對環境感到不滿足。雖然外在行動看來是在惡作劇，但事實上那只不過是發洩心中不滿的舉動罷了！**

廁所與寢居空間徹底劃分，就能避免狗兒惡作劇

狗兒會想把尿布墊咬破，表示廁所地點與居住空間並無分割。例如，廁所安置在柵欄內，廁所以外的空間則是愛犬居住與遊戲的空間。這種問題要歸咎於環境因素，咬尿布墊單純只是因為尿布墊正好在旁邊，理所當然受到牽連。

看見「慘狀」的飼主忍不住失聲大喊：「啊，你又做這種事！不是說了不可以嗎？」卻沒想到這麼做只會更加點燃狗兒的幹勁，因為牠會認為：「只要這麼做，飼主

就會注意我。」於是牠很可能等飼主前腳一踏出門，就立刻進行破壞。

要解決這個問題，必須將愛犬的廁所與生活空間徹底分割開來，讓愛犬在你出門時，進入廁所排泄完畢就立刻離開。**飼主必須謹記，廁所和生活空間緊鄰在一起，對狗兒來說是相當惡劣的環境。**

至於「亂咬」這個舉動，對愛犬而言是玩耍，同時也是在消耗多餘的體力，因此如果胡亂制止牠，反而會累積牠的不滿。如果遇上這種情況，不妨是先給狗兒可以啃咬的玩具呢？咬玩具是「玩耍」，可不是在「惡作劇」喔！

65 罵得越大聲越調皮，保持沉默最好！

一閃神就滿地狼藉，調皮狗兒怎麼治？

「這孩子什麼都咬，房間剛整理好又被牠弄得亂七八糟，真是傷腦筋！」我常聽飼主這樣抱怨。狗兒若無旁人地啃咬各種物品，不是因為好奇或喜歡，牠們或許經常攻擊抱枕或拖鞋，但事實上愛犬的目標都不是那些東西，牠們真正的想法是：「這裡最偉大的就是我！看啊！大家都在看我！看清楚我所做的事吧！」

狗兒會利用自己的行動獲得旁人的注意，藉此顯示自己的地位。而飼主總是會因為搞不清楚狀況而中計。

3 管齊下，讓狗狗變冷靜，不再愛亂咬東西

「你在做什麼？不是說過不可以咬抱枕嗎？喂，放開！」

這個「斥責」在狗兒眼裡不是斥責，而是對自己行動的喝采。狗兒認為，這是地位

較低的「飼主」對地位較高的「自己」的掌聲。因此，**這時必須立刻扭轉失衡的主從關係，不可以看到狗兒咬抱枕就特別注意牠，如果沒辦法去除根本原因，問題就無法順利解決。**

飼主必須進行前面說過的「從身後抱住」的訓練，繞道狗兒身後，慢慢抱住牠的身體，就算牠再怎麼抵抗，也要讓牠的身體緊貼自己胸口，維持這個姿勢箝制狗兒，直到牠慢慢冷靜下來。接著再搭配「轉動口鼻」和「觸摸」一起進行，效果更好。

66 「咬褲管」不能放任，要徹底制止！

「轉動口鼻」，快速改變主從關係！

請各位回想一下，待在家裡時，狗兒是否會咬你的褲子下擺？或是在你擦地板時，亂咬拖把？追逐移動中的物品，是狗兒的天性。**飼主們或許覺得愛犬又在玩了，而不出聲禁止，然而這些看似玩耍的舉動，其實也是狗兒權力本能的表現。**

「只是在玩沒關係吧？」如果飼主這麼以為而置之不理，狗兒會認為自己的地位比飼主高，接著權力本能將越演越烈，最後一發不可收拾。

「搞清楚，我才是老大！」瞬間扭轉主從關係，狗狗超好帶

因此只要一出現上述舉動，飼主就要立刻採用「從身後抱住並轉動口鼻」的方式處置。**狗兒天生同時具備權力本能與服從本能，因此再也沒有比這招更適合壓制前者（權力本能），讓後者（服從本能）順性發展的方法了！**

狗兒天生討厭人觸碰自己的口鼻，因此飼主只要能自由移動愛犬的口鼻，就能讓牠產生「我要服從這個人」的想法，就此改變主從關係。

這招非常有效，特別是狗兒還年幼時，甚至當場就能扭轉關係。瞬間重新設定雙方的關係、主從互換，正是這招「從身後抱住並轉動口鼻」合併使用的威力。

舉例來說，在暴力對待下長大的狗兒，對人類一定充滿不信任感與敵意吧！**因為生長在負面情感之下，所以要馬上成為牠信賴的首領非常困難。**相反地，如果飼主對待狗兒始終保持誠信，就能隨時輕鬆扭轉主從關係。

67 「到底有什麼好吃？」我家狗兒超愛翻垃圾桶！

阻止狗狗翻垃圾，給牠「大量的玩具」

愛犬翻找垃圾桶的行為同樣讓人困擾，大聲斥責也只會帶來反效果。各位是否也有過同樣的經驗呢？我經常聽到飼主這麼說：「沒錯！一罵反而更糟。」、「我一生氣，牠就開始低吼。」

在室內放養的狗兒必然如此，不過偶爾離開狗屋出來溜達的狗兒，有時也會去翻垃圾桶。所有的狗兒似乎都對沾有食物味道的垃圾桶感興趣，非得「探索」一番不可。

建立「玩具玩到飽」轉移注意力，狗兒不再翻垃圾

飼主打也不是，罵也不是，到底該怎麼做才能有效制止呢？首先，**我希望各位先將垃圾桶和狗兒「隔離」**。可以配合家中狀況關上廚房的門禁止愛犬進入，或是將垃圾桶擺在高處，不讓狗兒碰到。

接著，給狗兒牠會感興趣的東西。建議飼主可花不到五分鐘的時間，親手製作「玩具」給牠。只要在不用的毛巾中，裝入少量狗食後綁緊就可以了。因為狗食散發出的香味，這個玩具一定會引起愛犬的興趣。

任由牠啃咬、拉扯、甩動，按照牠喜歡的方式盡情地玩吧！直到毛巾被咬破，內容物掉出來為止。**只要有一個讓狗兒感興趣的玩具，牠對其他物品就會興趣缺缺。**「我聞到好吃的味道！好喜歡這個玩意兒。今天也玩這個吧！」玩具就等同於「安全網」，能夠避免狗兒對其他物品惡作劇。這個方法效果絕佳，請各位動手做做看吧！

68

「挑嘴狗」飼料剩一堆，好難伺候！

吃不完倒掉，「下一餐」就會大吃特吃

明明給牠和以前一樣多的份量，牠最近卻總是吃不完。遇到這種情況，各位飼主會怎麼處理呢？

「你吃膩了嗎？要改吃別的嗎？」你是否也這麼想，然後升級其他飼料呢？每次只要剩下飼料，你就採取同樣的作法，漸漸地狗兒會這麼想：「不曉得下次會是什麼口味，好期待啊！」

如果在飼料中混入肉類，情況只會更糟糕。狗兒會變成挑嘴的「老饕犬」，這麼一來不只是浪費、任性，還會造成肥胖及健康的問題。

小聰明！改善「飼料總是吃不完」的狀況

狗兒沒把食物吃光，可能有以下兩個原因。一是健康問題，造成食慾減退；另一個原因則是身體不需要那麼多養分，所以不吃。

如果是前者，必須透過平日的觀察判斷後，交由醫師診斷；如果是後者，則沒有必要升級狗食。**如果狗兒沒有吃完，就直接清理掉。沒錯！只要這麼做就好。**

「明明給了牠那麼多好吃的食物，為什麼不吃？」

就算你有這種想法，清理的時候仍要盡量保持沉默。狗兒肚子餓時，下一頓飯自然會大吃特吃，用不著擔心。除了用餐之外，排泄、生活空間及散步等問題，只要飼主稍加留心管理，愛犬就會變身好好教的聰明犬！

69 同時養兩隻狗，怎麼讓牠們和平共處？

凡事「先來後到」，兩隻狗相安無事

不少飼主同時飼養兩隻以上的狗兒吧！然而養一隻都手忙腳亂了，何況一次養很多隻呢？飼養多隻狗兒的飼主，往往必須為了各樣問題而傷透腦筋。

飼養多隻狗兒的原則是——一次確實管教一隻。分別與每隻狗兒建立扎實的主從關係後，要控制牠們就很簡單了。此外，也必須明確訂立狗兒們的地位高低。

餵食、出門、戴項圈，都要以「前輩犬」優先

舉例來說，原本已經飼養一隻狗兒的某戶人家，又養了一隻幼犬。因為飼主必須花較多的時間在新來的幼犬上，導致前輩狗累積過多壓力，引起各種過去不曾遭遇的問題。這些問題行為對初來乍到的幼犬來說，也會形成不良影響，牠會跟著效法，引發同樣的問題。

為了避免上述情況發生，**飼主必須提高前輩犬的地位，餵食的順序、出門散步的順序、戴項圈的順序……，都要以前輩犬優先。**只要清楚訂出先後順序，狗兒就會認為：「我的地位果然比新來的傢伙還高，主人也明白這一點。」

這樣一來，就不會造成不必要的壓力，前輩犬不僅生活更安心，新來的狗兒也懂自己是「老二」，自然會遵從前輩。

追隨首領對狗兒來說是最安心的生活方式，因此確立地位高低，對於晚來的狗兒才是幸福之道。

70

「別搶我的食物！」兩隻狗兒老愛搶奪飼料？

區隔「放飯時間」，狗兒乖乖不搶食

關於同時飼養多隻狗兒引發的問題中，我最常聽飼主反應，前輩狗經常咬晚輩狗的耳朵，讓飼主們不由得擔心，兩隻狗兒是否相處得來。

雖然是咬，不過也只是輕咬的程度。輕咬是狗兒用來確認地位的行為，**前輩狗輕咬晚輩狗的耳朵，藉此警告對方：「我的地位比你高！」**這時候，兩隻狗兒不會演變到打架的局面，不用過度擔心。

錯開狗兒們的用餐時間，減少爭端

同時飼養多隻狗兒時，必須稍微注意的就是用餐的問題了！如果同時養兩隻狗兒，你是否會同時餵食呢？這麼做會發生什麼狀況？前輩狗會不管自己的飼料，搶奪晚輩狗碗裡的飼料。最後，吃太多的前輩狗會因為太胖，出現健康問題。

解決問題最好的方法是，用餐時盡量將時間錯開。讓前輩狗先吃，等牠吃完後再清理狗碗，換晚輩狗用餐。為了避免前輩狗在晚輩狗吃飯途中突然「介入」，必須將牠關進狗屋或其他房間，或是直接綁上牽繩，讓牠待在一段距離以外的地方。

晚輩狗也用完餐後，就算飼料有剩，也要直接清掉，不要留下。

錯開用餐時間，除了能清楚訂出地位先後順序之外，還有另一項好處，就是讓牠們各自安心吃飯。如果同時餵食，可能有一方會刻意找麻煩，另一方則會因為擔心而食慾減退。神經質的狗兒最容易引發問題，因此想讓狗兒專心吃飯，請務必錯開餵食時間。

萌犬出沒注意！
愛犬達人與人氣狗明星的真情告白

woof
特別
收錄

愛犬
小檔案

柚子

品種▼黃金獵犬
年齡▼10歲
個性▼溫馴撒嬌，喜歡靠人大腿撒嬌
愛犬一句話▼你的笑容讓我充滿了色彩，感謝你的陪伴！

飼養柚子10年多了，從3個月大愛惹事、亂咬、亂大小便的小狗，變成現在個性穩重，讓怕狗的人都敢跨出一步面對狗兒，令我充滿成就感。一開始，家人都很排斥養狗，真正相處過後，那份割捨不了的感情才讓他們感受到：「有狗其實也不錯！」不僅家人感情更加熱絡、家中充滿了歡笑聲，連出外看到狗兒都變成全家閒話家常的共同話題，而且對老一輩來說，也是多了陪伴。當然，身為飼主的我也學會了責任感，養了就該好好陪伴、飼養，而不是放任不管，很想向大家說：「有狗真好。」—

柚子是個很貼心的夥伴，看到每個人都會開心地迎接，讓很多怕狗的朋友、親戚來家裡作客時，都能安心地踏入家門，不感到恐懼，不過這溫馴的個性也常讓我捏把冷汗，深怕哪天被拐走啊！對柚子來說，有食物誰都可以是主人，讓我驚驚。

家裡有狗確實會讓氣氛變得很不一樣，多了一股生命力，讓家中有歡笑、有尖叫、有苦笑，這一切都是柚子帶給我們的無限回憶。我們會如此愛柚子，是因為累積了多年革命情感，柚子也用他的體貼、笑容融化我們。柚子不只是狗，是我們的家人，我會負責任照顧柚子一輩子！

尼力

愛犬小檔案

Bibi

品種▼瑪爾濟斯

性別▼男生

年齡▼11歲

個性▼安靜、淡定、沉默寡言、有療癒人心的能力、喜歡男性，可能是Gay，哈哈

愛犬一句話▼我是以狗界吳尊之名遊走網路界的Bibi（噗），因為我有一張娃娃臉，騙了不少阿珠媽，但我其實比較卡意男生，最愛我爸山姆，第二愛我乾爹黃博，不過我也很愛我媽啦！

Bibi是在他5歲時，表弟割愛送給我的寶貝，不僅長得帥氣又可愛，連個性都乖巧得不得了，很多人問我怎麼把Bibi照顧得這麼好，其實一點訣竅都沒有，因為Bibi把自己顧得好好，無敵乖巧、不吵不鬧、凡事淡定、不破壞東西、不貪食、會自己去上廁所，所以照顧他一點都不麻煩，唯一稍稍頭痛的是挑嘴，不過這問題

在我開始料理鮮食給他吃之後已不是問題。

身邊的人都知道，我很愛很愛Bibi，他就像天使一樣純潔，所以我叫他天使Bi，他有一種能撫慰人心的能力，怎麼看都覺得他可愛，怎麼樣都捨不得對他生氣，每當心情沮喪時，只要看著他的小臉，所有的煩惱就會煙消雲散，做什麼都只想和他在一起，快樂、難過的事都想和他分享。

所以我在二〇〇九年，帶著他一起飛往日本輕井澤度假，我們一起飛上天、一起散步、一起騎腳踏車、一起吃飯、一起睡覺，24小時做什麼都在一起，那是我這輩子永遠無法忘記的美好回憶。

我知道Bibi的生命只有十多年，也知道他一定會先離我而去，在他有生之年，我只想用力讓他知道，我對他滿滿的愛，也謝謝他給我的愛，讓我懂得付出、學會照顧一個生命，他永遠是我最寶貝的寶貝！

人字拖小姮

轟狗家族

品種▼拉不拉多
性別▼男男女女
年齡▼高齡幼稚犬（分別是11、9、8、4歲）
個性▼聰明伶俐、活潑好動
愛犬一句話▼我們是轟轟劣劣的拉不拉多搗忙犬，搗蛋多功能全方位。

拉不拉多天生活潑好動，他們的身體裡，就像裝有十萬個金頂電池一樣，那麼地精力旺盛。要說起他們的「瘋功偉業」，嗯，讓我想想，例如：咬爛一整組沙發、出門和媽媽玩你追我跑、坐車從頭吠到尾、牽繩不耐症、看到狗會過度激動、聽到門外聲響就想管閒事……等等，族繁不及備載。

於是我的心酸血淚史天天都在上演：在家有

掃不完的物品殘骸、出門有追不完的狗、喊破無數個喉嚨、練成卜派超強臂力，還有每天都有生不完的氣。一直到我接觸了響片，這些事才漸漸的遠離了我。我學習觀察行為和思考前因後果，把生氣的時間拿來把防不勝防的事情條理化。也因為要和這幾個大魔王鬥智，我常常都要腦力激盪，真是感謝轟狗讓我不斷精進及超越自我！你說他們有變乖嗎？倒也沒有多乖，只是我重新調整了自己的心態，我不用每天過著扣分的日子來懊惱，而可以每天活在加分的正面思考裡。

包養這4位搗忙犬，雖然辛苦乘以4，但快樂也乘以4。如果我的努力可以再多一點，我相信他們可以再穩定一點，加油吧！

愛犬小檔案

丁丁王國
米丁．拉拉．莓G．歐頓．丟丟

品種▼法國鬥牛犬
性別▼兩男三女
年齡▼3歲／3歲／1歲半／1歲半／8個月
個性▼瘋狂、黏人、憨厚、愛耍小聰明
愛犬一句話▼我們是一個瘋狂的大家庭，每天除了搗亂還是搗亂，不過只要看到媽媽都會馬上立正站好！

我很愛法鬥，覺得他們的長相跟個性就像小孩子一樣，有自己的一套黏人方式，又很愛耍不聰明的小聰明。

我每天上班前，最喜歡看他們在門口排隊看我穿鞋子，跟他們說我要上班，就會乖乖地一臉悶樣在門口看。最期待的是下班回家跟他們玩，「一日不見，如隔三秋」是他們最好的寫照。很喜歡他們用肉肉的身材，很粗魯地討抱抱，感覺就像被一團橫肉擠壓，被他們的愛環環包圍，是我最享受的一件事。這些小孩是我上輩子修來最好的福，因為他們真的很貼心，又好愛、好愛撒嬌，連我洗澡都要待在浴室不肯出去，像小跟班一樣我走到哪，就跟到哪。

法鬥雖然可愛，但也算是不好照顧的犬種。拉拉和歐頓有脊椎和髖關節的問題，我盡量不讓寶貝們在家裡跳來跳去。法鬥體質敏感，台灣天候潮濕，很容易有皮膚上的問題。為了他們，我跟他們拔拔還特地找通風、有日光、乾燥的房子給他們住。食物也不能隨便吃，像丁丁跟莓G腸胃都比較敏感。短鼻的他們很容易中暑熱衰竭，帶他們出門都要大包小包才行。

法鬥真的不好養，但我依然對他們無法自拔，永遠要做一家人。

愛犬
小檔案

Yoyo／咩咩

品種▼黃金獵犬／米克斯
性別▼女生
年齡▼9歲6個月／5歲
個性▼活潑好動、傻呼呼／沉穩倔強、不多話
愛犬一句話▼我是yoyo，最喜歡出遊，最愛上游泳課，平常喜歡欺負拔拔。我叫咩咩，因為麻麻說我的臉很冏，也可以叫我冏咩，平常最愛麻麻，還有吃吃！

大家好，我們是黃金yoyo海賊團！我最愛的兩個毛女兒，黃金獵犬「yoyo」，米克斯「咩咩」。

yoyo是我跟yo拔捧在手掌心的小公主，個性單純天真、又不會吃醋，因此因緣際會下，從FB看到咩咩在收容所的照片，她絕望的眼神及殘破的身軀令我不捨，眼見安樂日將到，考慮了幾天後，我們決定領養這隻囧臉小孩。

如今囧咩已在我們家一年半了，從絕望、害怕到充滿自信、撒嬌，這段轉變的過程我跟yo拔都非常開心。囧咩是個慢熟的孩子，她很乖巧也很聽話，該怎麼說呢？因為害怕，她很會察言觀色，我心疼她異常乖巧、過份聽話；希望她安心、開心，她花了一年的時間才敢真心接納我們。一年前我想問囧咩：「妳喜歡這個家嗎？妳愛我們嗎？」一年後我想說：「謝謝妳信任我們，我愛妳。」

平常一家四口都是集體行動，白天帶她們上班，晚上一起回家，如果我不想上班，yo咩就留在家陪我，我們幾乎24小時都黏在一起。兩位小公主在家裡愛怎麼睡就怎麼睡，沙發、床鋪……想睡哪就睡哪。我們固定每個月帶yo咩去旅行，長則10日，短則3日，已經全台灣玩透透，連離島的綠島、澎湖、小琉球也都有yo咩的足跡喔！

她們是上天派來的小天使，我希望她們能健健康康、快快樂樂的受享她們的狗生。

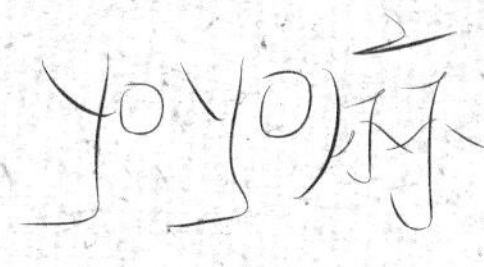

生活樹系列003

好神奇！這樣教狗狗5分鐘就聽話

カリスマ訓練士のたった5分で犬はどんどん賢くなる

作　　者	藤井聰
譯　　者	黃薇嬪
出版發行	采實文化事業有限公司 116台北市羅斯福路五段158號7樓 電話：（02）2932-6098 傳真：（02）2932-6097
電子信箱	acme@acmebook.com.tw
采實粉絲團	http://www.facebook.com/acmebook

總 編 輯	吳翠萍
主　　編	陳鳳如
執行編輯	王琦柔
行銷組長	蔡靜恩
業務經理	張純鐘
業務專員	邱清暉・李韶婉・賴思蘋
會計行政	江芝芸・陳姵如
校　　對	王琦柔・陳鳳如
美術設計	張天薪
專欄撰文	尼力・人字拖小姮・Dobi媽・Yoyo麻・Zona
內文排版	菩薩蠻數位文化有限公司
製版・印刷・裝訂	中茂・明和
法律顧問	第一國際法律事務所 余淑杏律師

ISBN	978-986-6228-78-0
定　　價	280元
初版一刷	2013年8月23日
劃撥帳號	50148859
劃撥戶名	采實文化事業有限公司

國家圖書館出版品預行編目資料

五分鐘讓狗變聰明 ／藤井聰作；黃薇嬪譯.
－－初版.－－臺北市：采實文化, 2013.08
面；　公分. --（生活樹系列；3）
譯自：カリスマ訓練士のたった5分で犬はどんどん賢くなる
ISBN 978-986-6228-78-0（平裝）
1.犬 2.寵物飼養 3.犬訓練
437.354　　102011274

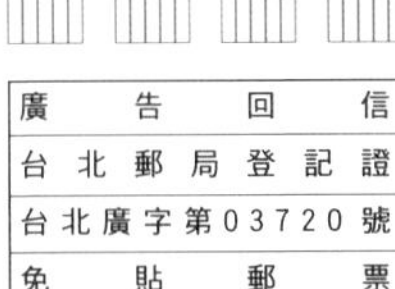

116台北市文山區羅斯福路五段158號7樓

采實文化讀者服務部　收

讀者服務專線：（02）2932-6098

系列專用回函

系列：生活樹系列003
書名：好神奇！這樣教狗狗5分鐘就聽話

讀者資料（本資料只供出版社內部建檔及寄送必要書訊使用）：

1. 姓名：
2. 性別：□男　□女
3. 出生年月日：民國　　年　　月　　日（年齡：　　歲）
4. 教育程度：□大學以上　□大學　□專科　□高中（職）　□國中　□國小以下（含國小）
5. 聯絡地址：
6. 聯絡電話：
7. 電子郵件信箱：
8. 是否願意收到出版物相關資料：□願意　□不願意

購書資訊：

1. 您在哪裡購買本書？□金石堂（含金石堂網路書店）　□誠品　□何嘉仁　□博客來
   □墊腳石　□其他：____________________（請寫書店名稱）
2. 購買本書日期是？______年______月______日
3. 您從哪裡得到這本書的相關訊息？□報紙廣告　□雜誌　□電視　□廣播　□親朋好友告知
   □逛書店看到　□別人送的　□網路上看到
4. 什麼原因讓你購買本書？□對主題感興趣　□被書名吸引才買的　□封面吸引人
   □內容好，想買回去試看看　□其他：____________________________________（請寫原因）
5. 看過書以後，您覺得本書的內容：□很好　□普通　□差強人意　□應再加強　□不夠充實
6. 對這本書的整體包裝設計，您覺得：□都很好　□封面吸引人，但內頁編排有待加強
   □封面不夠吸引人，內頁編排很棒　□封面和內頁編排都有待加強　□封面和內頁編排都很差

寫下您對本書及出版社的建議：

1. 您最喜歡本書的特點：□實用簡單　□包裝設計　□內容充實
2. 您最喜歡本書中的哪一個章節？原因是？

____

____

3. 本書帶給您什麼不同的觀念和幫助？

____

____

4. 您希望我們出版哪一類型的寵物相關書籍？

____

____